城市设计的
空间思维解析

赵 亮 张 宇 于爱民 王华琳 著

江苏凤凰科学技术出版社

南 京

图书在版编目（CIP）数据

城市设计的空间思维解析 / 赵亮等著. － 南京：
江苏凤凰科学技术出版社，2021.3
　ISBN 978-7-5713-1808-6

　Ⅰ. ①城… Ⅱ. ①赵… Ⅲ. ①城市规划－建筑设计－
研究 Ⅳ. ①TU984

中国版本图书馆CIP数据核字 (2021) 第040751号

城市设计的空间思维解析

著　　　者	赵　亮　张　宇　于爱民　王华琳	
项 目 策 划	凤凰空间／曹　蕾	
责 任 编 辑	赵　研　　刘屹立	
特 约 编 辑	曹　蕾	

出 版 发 行	江苏凤凰科学技术出版社
出版社地址	南京市湖南路1号A楼，邮编：210009
出版社网址	http：//www.pspress.cn
总 经 销	天津凤凰空间文化传媒有限公司
总经销网址	http：//www.ifengspace.cn
印　　　刷	北京博海升彩色印刷有限公司

开　　　本	787 mm×1092 mm　1/16
印　　　张	11
字　　　数	218 000
版　　　次	2021年3月第1版
印　　　次	2021年3月第1次印刷

标 准 书 号	ISBN 978-7-5713-1808-6
定　　　价	98.00元

图书如有印装质量问题，可随时向销售部调换（电话：022-87893668）。

序

　　城市设计是一门历久弥新的学科，它犹如 4000 多年前的陕西石峁遗址一样古老，像雅典帕提农神庙那样闪耀着永恒的魅力。

　　城市设计从本质上讲是一门解决建筑（群）之间及建筑（群）与外部空间多种要素的空间关系的科学，涉及政治、人体工程、社会文化、地理、工程等多学科的内容。近代工业催生了功能主义城市的出现，作为一种反思，人本主义的城市思想开始萌芽。19 世纪后叶，奥地利建筑师、城市规划师、画家卡米洛·西特（Camillo Sitte）对西方古典城空间美学的讨论可以看作是那个时代城市设计领域的学术焦虑。以《雅典宪章》为代表的现代城市设计推崇机器理性和功能至上，引导了其后 40 多年的城市实践，其间问题不断显现。20 世纪 70 年代开始，随着第二次世界大战之后城市快速发展模式的结束，城市矛盾空前尖锐，西方城市设计理论领域再次进入活跃期。一方面是人文主义城市设计思潮的回归，另一方面是用定量的方法开展类似于自然科学的探索。

　　今天，随着科学技术的发展、生产经济模式的快速迭代，城市变得越来越复杂。各种交通工程体系、信息技术与智能城市的支撑体系、应对气候变化的新的城市工程体系等，都使城市在各种物质流、信息流、社会流的交织中呈现纷杂多变的格局。我们不得不承认，人本主义只是这个时代城市设计众多需要考虑的平衡要素之一，因为城市已不能再回到中世纪及以前的状况。我们的城市既面临最基本的环境生存问题，也坠入了无穷的技术选择的空前困惑；城市设计一方面要解决城市如何更有效地运转的问题，另一方面还要为人们提供回归人性的生活空间。所以，城市决策不再由单一要素所主导，而是多元社会力量制衡的结果。公众参与既为城市设计提供了多种选择，又使城市设计的角色变得日益不确定。在这一过程中，用中立的技术论证决策的"科学性"成为当下城市设计的必选动作。正如伦敦大学的一位教授所说，其实"空间句法"通过繁琐的计算机计算所能论证的结论和一位有经验的设计师所设计出的方案没有什么大的区别，但一个社会宁愿相信计算机的"科学"论断，也不能忍受设计师主观的"独断"。这里我们不能不去深究，在一系列数学模型编程的过程中，人的价值判断与干预形成的那些"科学的潜台词"的实际意义。

赵亮等的这本书触及了现代设计的一个基本问题——如何在城市设计中思维，深入思考今天城市设计思维的基本方面、方法与规律。该书系统梳理了城市设计中常用的空间、图形、场所、概念等思维路径，总结归纳了城市设计中常用的分析方法等。作者结合实践探索了空间思维闭环的内涵，提出了城市设计中应予以重视的旁观体验、返场、全知视角、数形分析等综合方法。很多思考颇有见地，是对现代城市设计方法的重要贡献。

值此金秋之际，研读学生新著，深感后生可畏，欣然为序。愿更多的青年学者在中国城市发展的重要时代，不断耕耘开拓，构筑基于中国文化背景、面向中国实践的城市设计理论。

张杰
2020 年仲秋于清华荷清苑

前言

　　空间思维之于城市设计的意义是永恒的，城市设计师在一定的意识下和意境中，努力让自己成为意匠去按照一定的意向目标，营造城市空间意象，这一过程的意涵，形成了时空沉淀下的经典意图。在这个过程中，无论是对于面向历史的叙事性空间还是面向未来的理想空间，都同样需要城市设计的空间思维和构想能力去架构。

　　城市设计作为一种方法或者理念，传递了一种当代城市所普遍认可的价值取向：以人为本的城市建设和多元美好的城市面貌。空间思维作为城市设计的主线不仅仅是一个瞬间的灵感和头脑风暴，其所属的城市情怀和社会价值才是空间创作的核心能量和价值体现。城市设计师亦应结合策划、规划、设计、实施、参与并存的空间思维方式去创作空间，真正体验设计过程中的空间体系、空间策划、空间返场、空间导控、空间艺术和空间参与的需求。随着技术手段的发展，设计理念的概念冲击和设计技巧图面表达的差异在逐渐缩小，核心的思维分析价值和形态量化导控却相差较大。面向多样化的空间设计手法和分析技巧，其背后的空间思维过程或许更加重要。

　　城市是动态的发展产物，它不是一个设计师的作品，它承载着太多的时空要素。设计师应当目量意营地去营造空间，通过空间环境分析，运用空间体系架构和空间形态导控创造人本形态下的城市各项功能要素之间的联系，并以一定的空间艺术表达方式完成设计成果。设计的思维应是与时俱进的，既有头脑风暴的感性思维，又有数形分析的理性思维。每个设计的发起也都有一定的历史语境性、空间在地性和建设指导性。本书从设计思维的方式入手，结合设计过程的思维理解和方法探析，把空间思维运用到典型性的设计实例中去，解读设计过程，并积极探寻从思维共享到实效反馈的过程参与。希望能够为城市设计专业的人才培养和实践应用尽一份薄力。

赵亮

目录

思而行 行后思

思再行 行为之

1 |思维解析|

从空间思考到空间思维

城市设计围绕空间开展，空间的多重复杂性及依附其中的多元社会诉求，要求设计师形成实效性强、参与度高并能充分发挥空间特色的思维逻辑。设计的意义并不局限于图形本身，而是在于设计思维碰撞产生火花的过程。通过对常见思维方式的梳理和面向空间思维的探寻，城市设计空间思维应当延展其系统架构和逻辑体系，形成思维闭环。

济南城市空间架构可以概括为"山、泉、湖、河、城"五个要素,每一个要素都不是独立的个体,而是由城市公共空间架构体系相互联系(图1-1)。对于设计师来说,这种联系往往被抽象为空间设计语言,从而更简明清晰地传达不同尺度的城市设计方案特征。显性物质空间要素的背后,是隐性的人本环境特征,大量不可见的空间体验构成了生活映象,潜移默化地感知着不同空间所包含的信息。如同思维之于设计,如果说空间是城市中各类物质、非物质元素之间的显性纽带,思维则是城市设计各环节、各要素之间的隐性脉络。

图1-1 济南山水城景

1.1 空间思维探析

1.1.1 城市设计思维

世间万物均具备其特殊性与复杂性,城市亦是如此。然而与绝大多数客观物体相比,城市又具备更显著的矛盾性。在开展城市设计思维探讨伊始,笔者希望探讨城市设计这个与空间发展密切相关的行为的特殊性所在,探索其错综复杂的关系网络(图 1-2)。

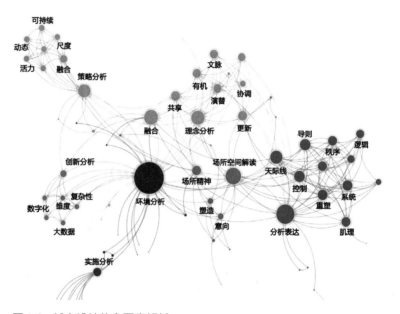

图 1-2 城市设计的多要素解析

1. 多变的空间

城市是动态的。诗人波德莱尔说:"城市的形状,变化得比人心还要快。"作为世界上半数人口的栖居之所,城市空间及其中发生的各类信息流与人们的日常生活密切相关;而作为这些信息流的载体,建筑、道路、市政管线等物质要素无一不随着社会的发展及人类生产生活习惯的改变而产生日新月异的变化。发展的诉求、政策的引领带来的经济、技术杠杆的倾斜,可以让昔日的小镇成长为国际化都市,也可以将一张新区的蓝图迅速付诸实现。

城市也是静态的。这种"静"多是相对而言,相比于建筑的拆建更新,自然山水格局、长久以来形成的风貌分区,甚至那些年代久远的街道肌理和人文脉络,总是以一种固化的印象根植于人们脑海中,形成城市的空间基因。甚至可以预测,即使是在久远的未来,科技的发展突破了众多建设条件的限制,这些结构性的要素依然会充分得以延续。

2. 复合的思维

作为生活的发生器，城市设计必然要满足生活所需，视野所及之处，皆需要美的享受。设计需要解决当下的问题，同时针对未来或将产生的问题制定相应的策略，还要满足创造美好空间、传承历史文脉等精神层面的需求。诸多不同领域的问题，使得城市设计本身成为兼顾政治与经济、审美与功能、历史与未来的复合过程，其中又不可避免地加入了设计师的理想及现实条件的约束，因此城市设计往往呈现给公众两种"性格"（图1-3）。

1）感性的思考

灵感对于城市设计的意义或许并不亚于建筑设计、平面设计等专业，设计师对空间美感和艺术创造的把控能力在城市设计过程中占有重要地位。早期艺术创造下的空间设计是城市设计的美学思考起源，其在公共空间中的应用创作赋予了城市别样的色彩。当今设计实践中的城市设计，亦应审视场所精神、艺术活化等感性思考对于空间价值的意义和传承。

2）理性的设计

城市设计不仅具备了空间的感性，更体现了规划的理性，关注如何通过空间的组织满足城市中诸多功能需求，并获得良好的空间效益。如何解读环境？如何组织功能？如何量化指标？如何对接管控？……以上问题需要城市设计师具备系统的理性思维、角色互换的转变和面向实施的积极探寻，以解决空间的环境问题。

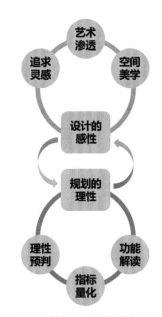

图1-3 感性与理性的对比

城市设计对于感性与理性的兼顾，形成了学科思维独特的复合性。正如学者大卫·希克斯（David Hicks）所说："它是一门基于理性秩序框架的艺术，一门用人类尺度创造平衡、和谐、对比、趣味和意义的艺术。"面对更广阔的空间及更多元的诉求，城市设计的性质要求设计师不仅要考虑实用性、美观性，更要考虑实施性及社会价值。城市设计的评判标准已不再局限于空间形态，而是分析思维的过程——设计是否解决现实问题、是否凸显特色、是否具备实施性。

因此，相对于设计手法与表达技巧，笔者更关注如何运用空间分析思维架构城市设计，使管理者、公众及各种专业背景的设计师共同参与到设计过程中。这种分析思维不仅影响着城市设计的品质，而且是城市设计师应当具备的职业素养。

1.1.2 城市设计分析

17世纪，林奈对动植物的分类，触动了后续至今的生物学领域。这种"分而对之、多类区分"的分析方法，为学科构架了清晰明确的层次，使一个庞杂纷繁的巨系统自成体系，并得以科学地发展。城市设计自诞生至今，始终随着思维理论的变革而不断发展。长期以来学科交叉，以及近年来数据技术、公众参与比重的提升，使得对城市设计分析的解读逐渐分化为两种截然不同的概念与特征。

1. 分析的两面性

1）狭义：分析图示

狭义层面的城市设计分析即通常所说的分析图，这是一种结果导向的图示表达，是设计师接触最多、在实践案例中最常见的方案展示图解，以至人们往往将"分析图"与"分析"视为一体。

这种显性的图面表达贯穿于设计全程，是设计师展示构思和方案的主要手段，也是设计成果的重要构成部分。一般来说，城市设计的分析图可根据设计环节分为现状分析、理念构思和方案分析、指标管控分析等，其中对于理念和方案的展示分析往往最得设计师、委托者青睐。例如，理念构思生成分析是近年来较为流行的方式，尤其对于以明确的"形象"为原型的设计方案，对过程的抽象表达有助于更直观地展现设计师的思路；而方案的展示分析则源远流长，设计师通常将设计方案拆分为功能、道路、景观三类要素，分类展示方案特点，这三类要素甚至被称为"分析图三大件"（图1-4）。在这两种分析图解的基础上，考虑到具体设计对象性质的差异，各种衍生的空间分析图示层出不穷。

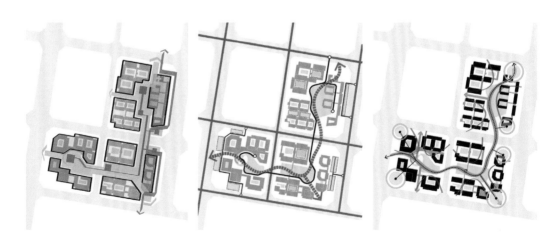

图1-4　典型的设计分析示意图

2）广义：分析思维

广义层面的分析是一种以问题为导向的思维方法，相对于成果的图面表达，它更关注贯穿设计全程的思维，聚焦于如何通过图示梳理、解决问题，是设计逻辑之体现。这个过程包括但不局限于对以下内容的思考：

如何跳出技术范畴审视任务价值？

如何站在人本角度思考工作内核？

如何以问题为导向考虑设计策略？

如何简明而有力地展示方案特色？

如何评估解决问题的方案与实效？

……

这些内容或分属设计过程中的各个环节，或反复出现于不同的环节中，分析思维即是辅助设计师建立一条清晰的脉络，使庞杂的问题得以有效解决（图 1-5）。城市设计自身的前瞻性、复合性和空间美学等属性，也促使设计师探求一种适合城市设计的分析逻辑，即目标问题导向下的策略方法解读和实施管控落实。

图 1-5　广义的分析过程

2. 回归空间本质

现今谈及分析的时候，多数仍停留在狭义层面。对于空间效果、图面表达等表征的追求，往往使设计师忽视了本质——城市设计究竟在设计什么（图 1-6）。

随着技术的发展与成熟，城市设计分析在表达层面早已呈现出手法多元、技巧炫酷等特征。各种分析图披着华丽的外衣，出现在各种类型的城市设计中。以表达技法的角度观之，分析图已是"乱花渐欲迷人眼"，今天流行的表达形式，明天或许就被淘汰；然而从实践效果来看，设计师似乎失去了城市设计分析的方向——陷入"为了表现而表达"的怪圈，纷繁复杂的成果更是削弱了实施操作和公众参与的可行性。

面对愈发多元新潮的设计理念及分析技法，设计师应该思考：未来的城市设计分析思维的主线是什么，以及如何解决各类现实诉求，并增强设计的实施性及参与度。

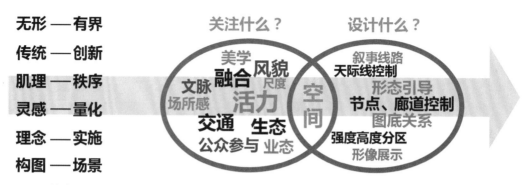

图 1-6　城市设计的空间本质示意

3. 交织空间思维

在日常生活及工作中，人们习惯将手头的事情分成若干阶段，默认做这件事情的思维是一条有始有终的直线，这便是思维定势。对于城市设计亦是如此。从以往的案例与经验可以看出，城市设计过程分为现状、理念、设计等阶段，然而在实践过程中，任何一个环节中的灵光闪现都可以作为展开叙事的切入点。城市设计的思维仅仅是条直线吗（图 1-7）？

图 1-7　城市设计的空间思维环节

空间是城市设计的载体，更是生活中各类事物联系的纽带。对城市设计不同环节的思考各有侧重，但思维方式皆以复杂的空间网络为依托。就像"翻花绳"一样，任何一根线的变化都会牵动整个体系，任何一种基于空间的构思切入都会带来全新的叙事线路。因此，城市设计思维不仅是一条步骤分明的直线，更是一张思维逻辑首尾相接、设计元素互相关联的网络。

1.1.3 分析的意义

1）为何分析

狭义层面的分析图作为思维的具体呈现形式体现了设计师的构思，因此，不同群体对分析图的认识也在一定程度上反映了分析思维的意义所在。笔者以"分析图的意义是什么？"为题，通过网络平台征集了城市设计相关参与者的意见，梳理了不同群体观点词频，直观反映了参与者们对分析的理解及诉求。笔者摘选典型观点进行分享，并将在第5章与读者分享调研平台的主线构思，将意见交流、思路共享的空间留给平台未来的发展。

2）受访者选择

受访者包括设计师、规划管理人员、开发企业工作者等活跃在规划建设一线的群体，以及初出茅庐的相关设计专业学生、建筑规划专业教师、行业内专家等。由于工作方向、重点及从业年限的不同，受访者对于城市设计分析的看法带有各自领域的认知特征，可让大众全面了解城市设计相关群体对设计分析的诉求。

设计师

设计师直接接触项目，是具体方案的践行者。对他们而言，分析既是思维方式，又是表达手段。

每个不同专业出身（规划、建筑、景观、人文地理等）的设计师在参与城市设计编制时，对于分析可以解读为：怎样辅助方案推进，以及怎样传达方案亮点。

管理者

规划管理者直接评析规划项目，是将设计成果付诸项目管理的中间人。

他们通过分析的成果去了解方案，同时也在分析着手中的成果。对于规划分析，他们有着自己的评判标准：怎么讲，怎么用，怎么管。

开发者

开发主体等相关工作人员是项目的直接使用者及实施者，俗称"甲方"。

众所周知，甲方的想法会在相当大的程度上影响方案的推进过程。因此，在某种程度上，他们也是规划分析的参与者：如何满足我的诉求，如何通过分析说服我。

参与者

参与者包括了公众群体、利益群体，甚至是社会媒体等。

虽然不直接参与城市设计的编制及管理，但他们的意见基本代表了整个社会群体对于城市设计的态度：如何参与城市的共同营造。

设计师——不止要炫酷

CYJ（规划设计师）

分析图最根本的意义在于辅助设计师表达设计观点，将设计符号转变为便于受众理解的图示化语言，让非专业的人也能一眼看出设计的精髓。因此，一张合格的分析图首先要做到核心意图明确，其次才是美学表达，就好比写字，写对永远比写得美重要。

作为长期跟踪规划项目的建筑师，分析图是表达设计观点的方式之一，它展现了建筑师更出色的空间构建、平面设计能力；而分析图之于读者，更像甲骨文之于古人，不明其意先观其形，与普通文字不同，分析图是一种不用理解内涵就能快速铭记于心的东西。

XYX（建筑设计师）

HXD（景观设计师）

在与甲方沟通中最想要达到的效果就是：甲方看完方案，不必多说就了解了设计师的理念与思路，而分析图就在其中扮演调解者的角色。分析图缓解了设计师与甲方的沟通障碍，其最大的意义是可以让甲方与设计师站到同一个平台上看方案。

作为一个非建筑专业出身的城市设计从业者，空间是设计的重头，分析图算作一个载体，将最主要的设计想法凝炼、表达出来，让甲方、领导或者没有专业背景的公众迅速地构建起对方案的初步认识。分析图会剥离一切冗余的信息，只呈现最精简的东西，再随着对方案的深入了解丰满起来。

ZHR（区域规划师）

FSL（规划管理部门）

分析图是城市设计思维的一种形象的表现形式，有助于人们了解设计、参与规划。例如，用一个原子结构模型，阐述济南市"一主一副，五大次中心，十二个区域中心，加两个卫星城"的城市发展框架结构，清晰明了又令人印象深刻。

如果说方案是一道题的结论，那分析图就好比其中的证明过程。好的分析图无疑会给整套图纸加分——用最少的笔墨漂亮地解出一道题。它应当准确、概括、有逻辑地表现设计师的想法，以可以炫技但不脱离内容为前提。

WYY（规划管理部门）

QHY（规划管理部门）

分析图因作用对象不同可分为两类，分别发挥不同的作用：一是"对内"，启迪思想，构思创意；二是"对外"，表达思想，传播创意。就城乡规划而言，方案本身永远是主角，而对不同类型、层次的规划，分析图在其中所扮演的角色各有不同。对于城镇体系、城市总体规划、控制性详细规划等偏公共政策的规划，分析图在其中扮演"群演"的角色；对于修建性详细规划、城市设计等偏设计的规划，分析图在其中扮演配角。就我个人而言，我更希望分析图在未来的国土空间规划中起到联系公众的媒介作用，让公众更好地参与到这部大戏之中。

管理者——问题解决是关键

开发者——用灵感和干货打动

分析图说到底就是信息的传达，其目的在于让受众第一时间理解你想表达的东西。在这个信息爆炸的时代，分析图的地位应该要越来越重要，当然前提是分析图自身的提档升级让人更容易接受。在这方面我认为：

①必须向客户强调一个强力的主张，必须让他们迅速明白我表达的价值是什么。

②所强调的主张必须是竞争对手做不到的或难以提供的，或是具有特色的。

③所强调的主张必须聚焦在一个点上且强有力。

分析图最重要的就是简单明了的清晰表达，让看到的人能够更容易捕捉关键信息。

LZB（开发平台）

HL（地产公司）

毫不夸张地说，分析图是智慧和艺术的结晶。大师们对此尤其钟爱。它是设计师和艺术家对于事物理解的具象化、简约化、概括化的表达，是高度凝炼的设计语言。

①好的分析图，是清晰完整的设计思维的表达，是执着坚定的设计信念的诉说，是谦虚自信的方案能力的证明。

②好的分析图，虽然表达方式、风格迥异，却都有着不约而同的艺术气息，在审美的角度上出奇的一致，这需要设计师提前明白甲方的品位。

③好的分析图，是有利的沟通工具，在面对有思想和格局的甲方时，往往能够迅速拉近距离，获得信任，是方案的有力助攻。

我们希望分析图能提供一种引导方式，让不懂规划设计的人也能够了解这个地方未来要做什么，而不是需要具备相当的专业知识才能看懂图面上的点点圈圈和文字说明；也希望未来的分析变得开放一些，因为城市是我们共同的家园，我们也想为它的美丽提供一分思路！

YWX（规划专业学生）

LY（规划专业教师）

随着城市设计的发展，分析图也由原有的平面点轴线的规划师视角向人视角分析的方向转变。什么样的人群适合什么样的空间是我们不断在思考的问题，因此对场域特质、生活场景、步行方式等更能体现以人为本的分析变得多起来，它们也使得设计更具有生命力和诗意。

分析图有助于提高规划的汇报效率。在有限的时间内展示规划内容，这需要分析图精确、高效地传达规划意图，需要汇报者整体协调汇报内容，发挥分析图通俗易懂的特点抓人眼球，同时配合文字或语言描述，简洁高效地传达有用信息，提高规划的沟通效率和展示效果。在多样的规划编制体系下，这样才能更好地去跨专业交流和面向市民传达公共认知。

GW（市民代表）

参与者——建设共同的城市

1.1.4 分析的反思

反观当前设计思维，"表达＞过程""效果＞人本"的分析思维特征依然显著。结合实践经验与公众调研意见，可以发现当前设计分析依然面临着诸多瓶颈，需要探寻一种主线思维，统一过程与表现、美学与功能、设计与实施等问题（图1-8）。

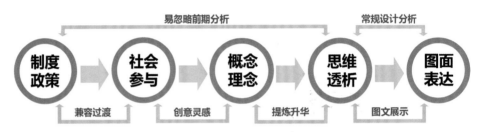

图1-8 问题研判思维流程

1. 分析的瓶颈

1）美学因素

城市设计的重要任务是创造富有美感的空间，但这并不意味着"单纯求美"的思维就能创造出优秀的城市设计。正如黑格尔所说，"美"是理性和感性的统一、内容和形式的统一，以及主观和客观的统一。某些城市设计分析往往以主观的"美"作为评判标准，片面追求图面的炫丽而忽视了思维的清晰合理性，这并不利于设计师梳理思路、阐释方案（图1-9）。

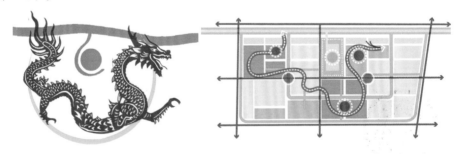

图1-9 美学思维导向下的空间结构

2）传统范式

城市设计具备丰厚的人文社科背景，其相关成果也多通过文本的形式呈现，文字对于城市设计的重要性可见一斑。然而，出于文化传统及长久以来形成的行文习惯，文字表达经常会追求"对仗""押韵"等效果。现实中经常会看到"×轴×心×组团"的词汇作为空间策略出现在各类文本，甚至是政策公文中。虽然这种范式化的表达方式的确有宣传上的优势，但设计师容易被自己所提炼的范式限制思维，反而忽视了真实的空间体验和意境的营造。同样，城市空间问题的复杂性与人文情怀，也不是简单套用范式就能传达的。

3）对接实施

传统的城市设计分析多聚焦于"上帝视角"的理念，定性有余而定量不足，甚至分析图、效果图混淆不清。概念性的城市设计在完成华丽的蓝图后，与实施之间缺少量化管控的衔接，高高在上的理念难以在实施层面站稳脚跟——城市设计之所以受到"图上画画，墙上挂挂"的诟病，也多与此有关（图1-10）。

图1-10　多方结合示意

4）公众参与

分析图作为分析思维与方案特色的载体，应当架起专业与公众之间的交流桥梁。然而，狭义层面的绝大多数分析图仍停留在设计师自娱自乐、自我满足的阶段，而广义层面的分析过程中又缺乏公众参与的环节。在设计公示的环节，除了炫丽的效果图引人注目外，大多数分析解读实则让公众望而却步。这应当引起我们的反思：城市设计长久以来的分析思维，本身是否为了解公众诉求留有合适的接口（图1-11）？

图1-11　公众参与示意

2. 意见收集的启发

越来越多的设计师正在逐步突破"为了表现而分析"的局限，认识到分析的意义不仅在于美学的表现，更在于设计思路的清晰完整、辅助沟通。对城市设计分析的探讨，实际上是建立一种将灵感理念转化为实效设计，并统筹公众诉求的思维体系（图1-12）。

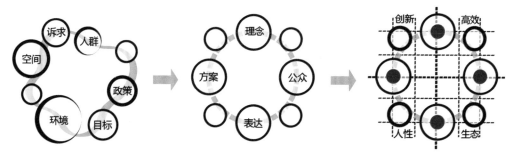

步骤1　基于感性的灵感提取　　步骤2　基于规范的抽象提炼　　步骤3　基于实际的内容细分

图1-12　城市设计分析思维的一般过程

① 分析不只是感性表达。城市设计师虽然用图说话，但分析不应仅仅受制于"图画"的形式。灵动的理念构思和华丽的方案分析只有立足于量化的空间，才能实现分析的价值。

② 分析需做到有的放矢。对于城市设计的使用者，分析不仅是了解设计师思路的直接途径，更是将设计落地实施的有效工具。分析思维应当以问题为导向，用简明的形式有效地衔接起理念与管控、运营。

③ 分析应拉近公众距离。分析思维应留出公众参与的环节，统筹社会诉求，确保公众能清晰理解设计意图，并提出合理化建议，真正实现公众参与公共空间营造。

3. 空间思维的意义

空间是城市设计各环节都要面对的分析对象，是设计过程中发现问题的切入点，无论面临的现实因素及公众诉求如何，城市设计的解决策略应始终以空间为载体，评判标准也基于空间营造的实效，而不是盲目追随图面表达潮流，或拘泥于文字游戏。

城市设计分析应回归空间的本质，以一系列针对空间的分析方法架构思维体系，以空间为切入点，深入解读基地自然、经济、人文、历史环境特征；以空间为纽带，串联设计过程的不同环节；以空间为载体，会聚委托者、设计师及公众群体所思所想。在空间思维分析的过程中，图形应作为辅助手段而非最终目的（图1-13）。

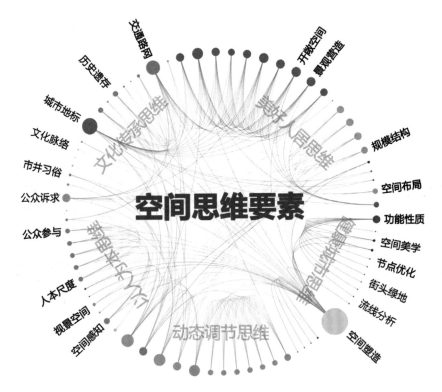

图 1-13　城市设计的空间思维要素

1.2 空间思维方式

城市设计具有多维度、多尺度、多测度、多限度、多角度的属性，设计内容围绕空间展开，在学科的发展过程中形成了由图形、场所、概念等切入的分析思维，成为该专业区别于其他类型设计的特色。当前城市空间的发展模式已进入"城市运营"阶段，设计师面临的业主逐渐多元化，工作的综合性、公众参与度等要求逐渐提升，其他行业的思维模式也逐渐渗入其中。

在此背景下，空间思维作为城市设计的主线，要求设计师不仅能够敏锐地捕捉到瞬间灵感和进行各种头脑风暴，而且要根植于环境，通过空间的策划与运营突显城市情怀和社会价值，形成完整的思维逻辑，才能体现城市设计的核心价值（图1-14）。

图 1-14 济南古城空间肌理

1.2.1 感性导向思维

城市设计在其久远的发展过程中形成与空间密切相关的感性思维模式。例如，笔者在设计过程中常常会发现自己总是以一种感性的思维方式认知空间，提出现实空间存在的问题及解决问题的思路，并围绕空间的形态、规模推敲设计方案。由于空间可见、可感知、可度量，感性思维可大致划分为3种类型，分别应用于不同类型的项目或设计环节，体现出各自的优势及局限性。

1. 图形思维

长久以来，总平面图是展示城市设计方案的主要载体，"上帝视角"下的总图能给人强烈的视觉震撼。因此，以图形为导向展开构思，以平面构图的美学原则组织空间布局，也成为城市设计常见的思维方式（图1-15）。纵观城市建设史，无论是古代"乌托邦之城"、19世纪的"带形城市"，还是集现代主义之大成的巴西利亚实践，设计师对于空间与功能的理解总是归于图形。作为一种历史悠久的设计思维方式，图形思维有以下特点：

其一，重视构图美学。设计师与各类图形打交道，无论是理念、空间结构，还是设计语言的提炼，都是具象形体与抽象符号之间的转变，设计的过程本身就是图解思维的过程。

其二，强调符号特征。抽象的图形、具象的图案往往能形成强烈的视觉冲击，在图形的导向下塑造的城市空间往往也具有鲜明的标志性，甚至成为设计师的特色。

其三，依赖表达技巧。设计师长期使用各类绘图软件，这种追求美感的空间思维方式难免依赖于表达技术。甚至可以说每次设计表达软件的革新，都会催生新的图形分析思路。

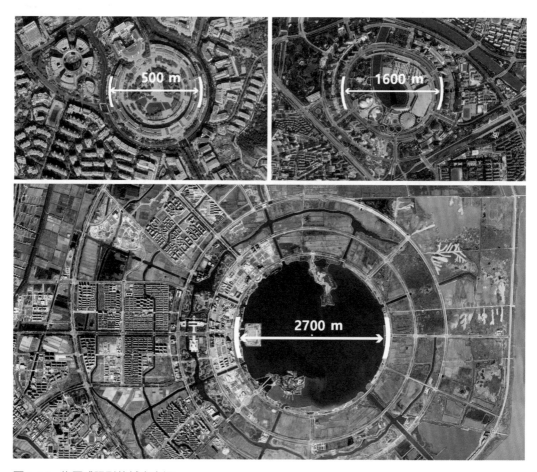

图 1-15　构图感强烈的城市空间

2. 场景思维

以扬·盖尔（Jan Gehl）为代表的学者提倡关注城市公共空间的场景塑造。与图形导向所追求的平面构图感不同，场景空间大多基于人本样态，人的视觉习惯和生活体验往往构成思维的主线，这使得场景导向的分析思维聚焦于人本尺度、真实感知及实施管控。从分析过程来看，此类空间思维体现出以下特征：

其一，问题导向明显。此类设计规模通常相对较小，空间诉求较为明确，现实问题往往集中于场景中的若干要素。针对诉求及核心问题的应对策略往往成为整体设计的理念，贯穿分析过程，设计师以此为主线串联其他设计要素。

其二，强调空间量化。由于场景导向的空间思维多基于人的真实感受，视线所及空间内的设计行为都是可量化的；同时，思路传达的载体往往是基于真实视野的场景空间模拟，设计师更关注构思细节的分析。

其三，分析形式多样。场景导向的空间尺度虽小，但落地实施性较强，需要规划、建筑、景观甚至市政相关专业共同参与完成。多专业的协作方式决定了场景思维导向下的空间设计需要多种分析、量化手段进行辅助，从而衍生出多样化的表达形式（图1-16）。

其四，全局思维较弱。从城市整体层面看，场景只是目标地区空间的片段，设计师往往会忽视这些物质空间片段背后的整体结构和社会问题，以至于在此类思维导向下的设计理念多强调"以小见大"，却难以支撑整体空间的有效运转。

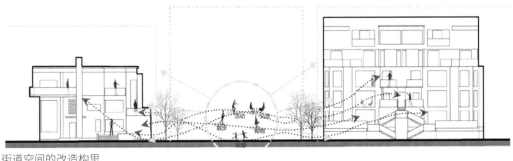

街道空间的改造构思

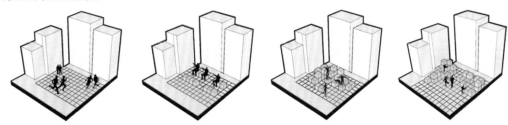

节点空间的改造构思

图 1-16　场景思维的空间分析表达
在某城市更新设计中，设计师的工作平台始终基于街道围合空间，以人本尺度及行为习惯为基础进行公共空间改造及城市活动策划。

3. 概念思维

概念思维在城市设计的各个层面都会有所涉及。如在宏观城市设计层面，霍华德通过构建"田园城市"的概念，指出城市中人类居住、工作、游憩、交通四大分区的平衡联系及分配合理性；在中观城市设计层面，运用功能组织的概念可以快速梳理各个地块之间的相互关系和地块属性；在微观城市设计层面，通过流线组织、社区营造等概念，可以有效对未来地块的发展方向和态势做出相应的预测和指引，增加设计的落地性。

概念导向的空间思维综合了图形与场景的思维特征，强调个性鲜明的理念与形态，突出分析思路过程的展示，并有着明确的问题导向性（图 1-17）。但概念式设计的初衷是提出解决思路，对公众诉求及落地实施的考虑相对较少，往往成为"概念范式"而难以付诸实践。尽管如此，城市设计的概念思维长久以来都为实践活动提供源源不断的灵感与经验。

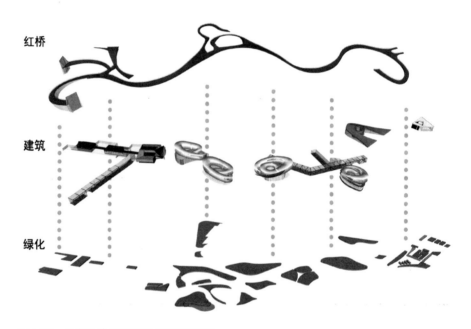

图 1-17　具象概念思维的方案要素提取

以上空间思维的分类是基于实践经验提出的，而如今城市设计的任务、空间类型逐渐多元化，这种分类与解读或许有片面之处。但可以明确的是，"图"之于空间分析思维极其重要，对于以各类图形为构思载体的城市设计师而言，图不仅是空间构思的载体，而且是与委托者和公众沟通的媒介。同样，图形也造成了空间分析的思维定式。

当前，城市设计对于地域特色、问题导向、实施管控等方面的要求逐渐提高，公众对于公共空间的关注度与日俱增。这就要求设计师突破图形对思维的限制，重视分析的逻辑性与参与度，运用图示辅助空间分析思维的演替。

1.2.2 逻辑导向思维

如前所述，分析思维存在于各行各业，解决各领域专业范畴内的问题。与感性的空间分析思维不同，逻辑导向的分析思维将解决问题的方法与过程总结为简明的公式或模式，又称为思维导图。思维导图与城市设计之间有一定相关性，尤其在前期的社会环境解读、产业发展定位方面，思维导图清晰的逻辑性，被大多数战略性规划所借鉴，这也是长久以来关注"蓝图效果、空间形象"的城市设计需要提升的方面。

1.PEST 分析法

PEST 是 Politics（政策）、Economy（经济）、Society（社会）、Technology（技术）的缩写。

PEST 分析法能从国家政策、经济形势、技术创新等方面把握宏观环境的现状及变化趋势，从而对方案的发展方向、定位、风险等做出一系列预判。对于城市设计，数字城市技术的运用突破了大尺度城市设计及后续管控的瓶颈，但仍然离不开 PEST 分析法所聚焦的社会经济环境的解读。因此，对于设计而言，PEST 分析法不仅是资料信息的罗列梳理，更是有针对性地为设计提供依据（图 1-18）。

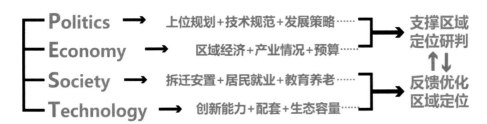

图 1-18　PEST 分析法示意

2.SWOT 分析法

SWOT 是 Strengths（优势）、Weaknesses（劣势）、Opportunities（机遇）、Threats（挑战）的缩写。

SWOT 简称优劣势分析法，是设计方案中借鉴最为广泛的思维方法。对于宏观战略规划的前期分析，SWOT 能够提炼自身环境、资源、交通、经济等方面的优势、劣势，亦能分析社会环境、政策趋势带来的机遇，以及周边要素（如邻避设施的建设、竞争城市的发展）带来的挑战，为定位与发展方向等提供依据；对于面向实施的设计，SWOT 可全过程发挥对于支撑、限制因素的分析优势，制定问题导向下的设计策略（图 1-19）。

图 1-19　SWOT 分析法示意

3. 逻辑树分析法

逻辑树又称问题树、演绎树，是一种以树形结构系统分析存在的问题及其相互关系的方法，常用于咨询策划领域。其基本分析思路即把一个已知问题当成树干，梳理相关问题或者子任务，利于在不进行重复工作的前提下，全面梳理问题及解决方法，以确保工作思路的清晰。逻辑树分析法能灵活适用于设计工作的各个环节。以当前大规模开展的城市街区更新为例，在工作的初始阶段，设计师即可通过逻辑树的方式确定问题的导向，明确设计的核心工作是要解决哪些现实困境、达到何种空间目标。在此"树干"的基础上罗列可利用的环境、社会资源，经过筛选排除无关因素，分析有效资源能够为方案提供何种支撑，逐渐形成层层递进的技术体系（图 1-20）。

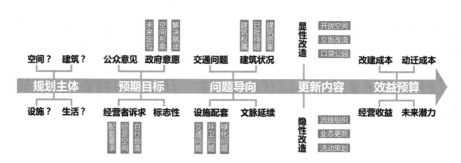

图 1-20　逻辑树分析法示意

4.SMART 分析法

SMART 是 Specific（明确）、Measurable（可量化）、Attainable（可达）、Result-based（基于结果）、Time-based（基于时间）的缩写。

SMART 分析法符合战略规划重视未来定位、发展目标的工作逻辑。设计目标应有明确的方向，这种方向可以是空间发展方向，亦可指业态、定位的趋势；合理的设计目标一定是可以量化的目标，无论是空间、规模还是实现该目标的成本，同样应结合当地实际情况，具备现实性；从工作方法角度，合理的设计目标应能预见可能产生的结果，如经济成本、空间效果、可能带来的社会问题，并反馈目标制定本身；同时，合理的设计目标应充分考虑到设计的时效性、计划性，包括实施的期限、未来管控的难易程度等。对于以打造未来空间形象为主旨的城市设计，发展目标的量化、实施可操作性预判也逐渐成为设计内容的一部分，SMART 分析法有一定的借鉴价值（图 1-21）。

图 1-21　SMART 分析法示意

5.6W2H 分析法

6W2H 是 What（目标）、Why（意义）、When（时间）、Where（地点）、Which（对象）、Who（人员）、How to do（方法）、How much（成本）的缩写。

6W2H 分析法作为一种普适性较强的工作思路，可运用于设计建设从立项到实施的全过程中。从任务自身角度，"6W"有利于前期探讨未来定位、确定设计内容及制定工作计划；从工作方法角度，"2H"明确了在设计过程中建立灵活的技术路线，并从成本的角度反馈设计方案，以确保工作方法的合理性（图 1-22）。

图 1-22　6W2H 分析法示意

值得注意的是，6W2H 分析法所重视的过程研究正是城市设计分析思维所欠缺的。在接手设计任务后，大多数城市设计师仅仅是从分配任务的角度对待委托诉求，继而将大量精力置于空间的设计推敲及图面的表达，而对设计任务意义价值及核心诉求缺乏预判。为什么做城市设计？设计做到何种深度是最适宜的？这些看似与设计无关的考量，实则影响到方案的发展方向。

1.2.3 空间分析思维

　　城市设计思维与思维导图曾经分属于不同的行业领域，彼此之间交集较少。随着社会的发展，城市设计逐渐跳出了传统空间思维的桎梏，成为一种综合性公共策略，并体现出强大的学科包容性，有利于提升设计品质的思路均可纳入体系。思维导图虽然在图示方法上有所欠缺，但它所具备的诸多特征，能够与城市设计思维取长补短，而"空间"正是两者结合的纽带。

1）问题导向明确	2）逻辑链条完整	3）重视实践策略
解决问题是思维导图的核心目标，工作主线相对清晰，工作方法针对性较强。	从开展工作前的目标量化到工作结束后的反馈，思维导图分析问题的逻辑首尾相连。	思维导图强调实现既定目标的方法策略，重视前期策划的预判性及后期运营的实效性。

　　设计思维与思维逻辑的结合能够衍生出更适于城市设计的空间分析思维。设计师应跳出"空间形态"的局限，从多个群体的视角换位思考设计过程，这包括提炼环境特征、平衡公众诉求、增强可实施性等一系列元素，需要设计师以策划、规划、设计、实施、运营并存的空间思维方式去感知空间、创造空间。

1.3 空间思维闭环

1.3.1 引入策划运营

　　每一个城市设计项目都有其所属的独特环境，也承担着因利益群体而异的各种诉求，都有需要解决的"特异性"问题，这些问题并非空间设计能够解决。在对环境了解不清、诉求掌握不透、业态研究不明的状态下进行的设计，往往有理念无措施，有空间无支撑，有指标无落实。因此，空间思维分析的前期有必要结合项目环境、各方诉求、市场需求、实施要求等开展策划，使城市设计更具灵活性、适应性及落地性。

策划	城市设计角度的策划并非对产业、经济的具体预测，而是以空间为基础的业态、运营构想。该环节应抛开规范的限制，跟随规划师进行架空预判，而传统规划过程则是对预判进行筛选。	运营	对方案的反馈及运营方式的探讨是完善分析过程的必要环节。通过搭建平台，了解方案实施效果、公众反映等，设计师能够对先期策划的预判进行评价，重新审视整体分析过程，形成思维闭环。

　　多数城市设计的主线任务似乎总是伴随着效果图的产生走向尾声，后期的管控策略大多只是将平面及效果图转译为图则。这种空间效果是否符合公众的需求，还是仅仅是委托者和设计师的一厢情愿，单纯的空间思维无法解答。如果说策划是为分析提供更多的可能性，运营就是对可能性进行验证及筛选。当然，这并不是让设计师顶替开发商的角色，考虑项目的商业模式或做专业的经济测算，而是在方案构思的过程中建立一种开放的参与模式，换位思考设计的可行性及社会效益（图 1-23）。

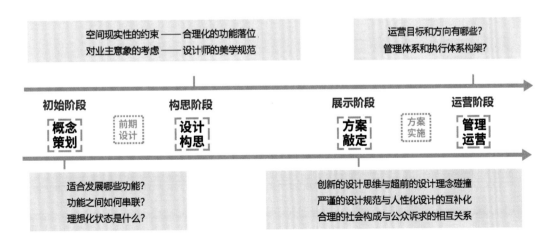

图 1-23　城市设计的主线任务节点示意

1.3.2 思维过程重塑

策划古称"策画",顾名思义,策略与勾画为一体。随着分工逐渐专业,"策"与"画"逐渐分离,策划的计划属性增强,空间不再是其考虑重点。城市设计的空间思维与策划者的商业思维总是互相制约,导致设计师理想化的空间在策划的牵制下丧失特色,而策划者的业态构想往往难以落实(图1-24)。空间思维应当将策划与运营思维纳入分析过程,基于环境诉求展开设计,基于参与共享落实理念,基于业态导控形态,此时,城市设计的空间思维将更合理、接地气(图1-25)。

图1-24 规划、策划、运营分离的思维

图1-25 规划、策划、运营一体的思维

1. 基于环境诉求的策划思维

1)策话:与项目环境持续对话

对环境的解读不应停留在自然物质层面,而应当统筹考虑历史文脉、社会信息、公众意见。从空间对话的角度进行调研不是一蹴而就的,往往需要多次返回场地进行校核。

2)策划:根植于地域的业态计划

在环境解读的基础上,设计师应了解业主的诉求及能力,使业态的构建具备在地性、独特性及可实施性,从空间设计的角度提供更多的可能性。

3）策展：关注公共价值的发展

策划项目不应仅从业主的角度出发考虑利益最大化，应强化项目与社会的沟通，形成一定范围内的品牌效应，使项目具备"城市性"，允许项目在适当范围内对"获利"进行让步。

4）策画：简明有力的符号勾画

策划阶段一般不涉及具体的空间设计，设计师应通过场所提炼等方式，迅速形成对委托者、公众而言形象鲜明的设计符号，并在后期设计中逐步落实到空间细节中。

任何项目如果没有结合当地的实际情况，没有精准的定位，没有足够的业态考量，后续的设计和建设都可能会成为一纸空谈。而对于空间环境、委托诉求、市场业态进行解读并提出多元化建议的过程正是策划，对策划内容进行实践验证的过程则在于运营。城市设计空间思维将策划作为打开思路的前奏，是定性分析，将运营作为理念落地的纽带，是定量分析。这种定性与定量的结合，使得空间思维主导下的城市设计更具实效性。

2. 基于参与共享的运营思维

1）参与：开放分析思路

在调研或方案构思阶段，应通过调研问卷、心智地图等形式，有针对性地获取利益相关群体的诉求及对城市设计的思考。本书第5章将对参与内容进行详述。

2）共享：换位思考业态

城市设计应避免过于理想化地将没有直接经济效益的公共空间作为主要设计内容，而应多从开发者、运营者及管理者的角度考虑，产生丰富且操作性强的业态构成。

3）反馈：空间实效评估

空间的布局并不完全基于美学构图。对于各类业态空间的设计，应根据现实数据信息，通过技术方法进行模拟评估，结合评估结果，布局相关功能板块。

4）调控：动态调节机制

应建立健全科技监测评估和动态调整机制。要通过监测，分析城市设计的实施进展情况。特别是对城市设计提出的重大任务的执行情况进行评估，为设计方案及实施策略的动态调整提供依据（图1-26）。

城市设计的空间思维应当是多元与包容的，设计师将策划、运营思维与空间美学思维融会贯通，更利于汲取地域特色、构思合理化的理念并使其切实落地。同样，将城市设计空间思维向策划运营的维度延展，更利于城市设计实效评估模式的优化，更利于发挥城市设计引领城市特色塑造、空间有序发展的作用，更利于引导公共价值和利益的实现。

图 1-26　动态的反馈调节机制

3. 空间思维闭环

策划运营思维的引入，使城市设计空间思维的前后关系更加紧密，设计师的分析逻辑将不再局限于固定程式，环节之间的区别将逐渐淡化，每一个节点的思维切入都将反馈于整体过程。

1）基础：明晰环节

在空间设计结束后，仍有反馈、评估等无形的"空间参与"使城市设计工作以另一种形式延续，这种看似与具体设计无关的思维对项目预判、环境解析及空间形态等内容起到反馈作用，城市设计思维将不再是一条直线，而是前后互馈的逻辑链（图1-27）。设计师只有明晰每一个环节的问题导向及思考重点，才能从全知的角度构建空间思维体系。

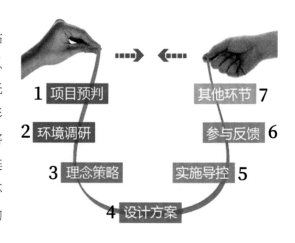

图 1-27　城市设计线性思维的调整示意

2）进阶：思维闭环

城市设计思维最终形成空间分析思维闭环，每一个环节都基于问题导向的空间分析。设计师的目光应跳出设计阶段的局限，站在圆心审视整个思维体系，无论设计进展至哪个环节，总能以基于空间的思维方法为纽带，预判或回顾其他环节的状态，进而使环境、理念、设计、实施、参与、评估等内容互相联系（图1-28）。这也是本书后续篇章将要重点探讨的内容。

图 1-28 城市设计的空间思维闭环

2 | 方法探析 |

从感知空间到解析空间

城市设计师将空间作为研究的主体与表达的载体，却容易忽视空间的本质，设计语言最终往往都归结于二维平面及华丽的效果图，分析思维并没有与真实的空间有效对接。本章基于空间思维的方法探析，结合实践案例，探讨如何合理地感知空间、多维地观察空间、量化地解析空间，以及高效地模拟空间。

　　济南古城在不同的高度及视角下，其实际空间感知与理想的蓝图描绘呈现出有趣的矛盾性（图2-1）。城市设计的鸟瞰视角下，大明湖、古城、千佛山层次分明，轴线显而易见；低空视角下，平缓的古城南端是造型新潮的商业综合体，远处则是高楼大厦遮掩下的千佛山，不同时代下的空间产物几近融为一体；行走于古城街巷中又仿佛穿梭于不同的时代，空间场所的体验呈现出明显的片段化。基于视角的变化，相同的空间给人以截然不同的感受。城市设计空间的研究亦应从人本尺度的环境感知出发，通过场所营造、数形分析、空间推演等方式，逐渐缩小理想与现实的差距。

图2-1　济南古城低空图景

2.1 空间返场的调研思维

　　如果说设计是在现实空间的基础上创造一种理想化的解决方式，那么问题导向下的空间调研则是将这种高高在上的理想拉回现实，使其更具备落地性。空间返场（图2-2）指贯穿于整个设计过程的动态调研分析思维，在一次次返场的过程中，设计师筛检问题并检验解决方法的实效性。

图 2-2　空间返场基地航拍影像

2.1.1 转变

所有的设计都始于空间的调研，归宿于问题的解决。城市设计以空间为主要研究对象，并以面向实施管控为目标，要求设计师们以问题为导向，在调研过程中实现角色、视角和方式的转变，以空间思维发现问题、解决问题（图2-3）。

① 角色转变：从旁观者到当事者。在空间调研的最初阶段，应该问自己：甲、乙、丙、丁各方会从哪些层面考虑未来空间？问题的答案往往超出了单纯的"空间设计"范畴。城市设计能够为未来建设提供多少种可能？这些选择的可实施性如何？理想的图景是否适合现实环境？角色的转变会带来更多的思维反思。

② 视角转变：从"上帝视角"到人本感知。城市设计师习惯于将宏观的蓝图构想转换为轴线、节点等空间结构要素，基于平面构图生成三维场景。这种"上帝视角"的思维切入方式利于勾画具有美感的构图，却不利于对接实际的空间体验。设计师应当跳出鸟瞰式空间思维的局限，以人本视野的场景为基础，"自下而上"地思索，兼顾空间构图与现实感知。

③ 方式转变：从刻画到返场。较多的设计往往成为被束之高阁的"效果图"，大多数出自理想图景的成果都难以落地，难以指导详细设计及建设实施。在空间设计与表达方面，城市设计师应尝试从多角度、多阶段出发，不断进行空间返场调研，针对不同的空间体验提出针对性的空间改进方式，避免设计过程中的纸上谈兵和虚拟刻画。

某设计竞赛中，设计师从一次次的视角转变中了解、优化空间

图2-3 解析空间的思维转变

对于不同类型的项目及空间，调研的方式和切入点存在差异。从实用的角度讲，任何基于项目空间诉求，便于设计师高效地提取、解决、推敲、反馈空间问题的方法，都可归类为基于空间思维的调研法。结合研究及实践，本节着重从过程、场景、量化、推敲的角度，进行城市设计空间思维的调研解读。

2.1.2　为何空间返场

人对空间的认知是渐进的，在设计的不同阶段对问题把握的准确度会有所偏差。传统的城市设计流程中，调研往往试图在开始环节面面俱到，后期又要根据需要以补充调研的形式查缺补漏。项目周期往往较短，反馈到整个设计过程中，首要便是前期调研环节，具体则涉及认知基地、发现问题及收集公众意见等时间的缩减。而真正在项目其他阶段重返基地进行系统调研的行为少之又少。这将直接导致设计的整体思路偏向主观意愿，而非问题导向下的理性判断，在设计过程中则反映在以下方面：

问题：对环境特征掌握不明，导致解决方式缺乏针对性，头绪众多使人迷惑。

理念：问题的模糊性导致设计理念缺乏地域特色，包罗万象却难以触及本质。

空间：理想方案设计与现实基地环境有差距，如尺度、风貌、公众诉求等。

针对以上问题，在此提出"空间返场"的思考，将集中用于设计的不同阶段及分析思维进程分散设置，使得每一次重返基地空间都能获得对方案开展有效的信息，增强分析过程的问题导向性和空间实效性。

2.1.3　如何空间返场

空间返场的实质是将冗长的前期调研更有针对性地分配到每一个设计分析环节中。如果将首次调研视为"入场"，该环节的重点则是形成初步的基地印象。而随着分析的深入，其内部的社会问题、公众的反馈将层层显现，设计应对这些的理念策略、业态构成、方案结构、空间尺度等的合理性也会随之进行调整，在这个过程中，带着问题多次返回基地，可称为"返场"。当然，因项目类型及方案深度的不同，空间返场的频率会有所不同，随着方案与场地的逐渐契合，不同环节需解决的问题将逐渐精简，应对的策略也将愈发具有针对性（图2-4）。

图 2-4　空间返场环节示意

2.1.4 空间返场实例

案例选取某街区更新。基地位于城市旧工业区，西邻城市景观河道，场地中分布着大量闲置的工业遗存厂房，部分建筑功能已经转换为餐饮娱乐。低矮的建筑体量使之成为周边高层社区、办公区的视线焦点。城市更新旨在提升该区域的活力、优化其业态，并营造与之相符的城市空间。在空间返场过程中，设计师对基地问题的认识逐渐明晰，形成有针对性的设计策略，并通过返场验证设计的合理性（图2-5）。

空间入场：初步认知环境

初次调研为"入场"，对基地基本情况形成初步认知，其中主要包括4项内容：其一，交通认知，了解基地内主要道路交通线、出入口方位、车辆交织点、停车空间等；其二，用地认知，了解基地内各类用地性质，明确地块权属边界、公共绿地、河道水系等；其三，建筑认知，了解各类建筑的建筑高度、层数、年代、形制、业态构成等；其四，人群认知，初步了解基地内的人群结构、人群需求、人群汇集点等。

第一次返场：针对调研内容细化

在初次调研的基础上，形成初步的环境认知分析和问题解读。在此导向下，部分空间层面细节（建筑物、构筑物年代、层数，地块权属边界等）仍需确认，社会层面的问题，如功能组织和业态构成等仍不明晰，对影响未来定位及业态构成等内容的探讨，需要通过空间返场进一步明确内部人群构成、诉求及现状业态结构。首次返场旨在了解该区域社会构成及公众诉求。

第二次返场：针对空间尺度校核

初次返场后，结合问题的明晰开展理念探讨及方案设计，将核心问题转化为设计要素的合理性。对于建筑风格的优化、形态尺度的把控、空间环境的取舍等内容，不能仅仅停留在草图设计及软件模拟中，此阶段返回场地有利于更好地把握尺度、感知设计是否合理，从而使方案具有落地性和指导性。本次返场侧重空间构思下的空间落位。

第三次返场：针对方案空间感知

返场校核后可对方案进行有目的的优化，形成成果方案后再次返回场地，进行公众意见问询。同时，运用虚拟现实技术将设计落位到基地上，实现方案与实地的交融，通过配备穿戴式设备模拟场地设计后的使用体验，也可在细微处发现问题并及时做出优化调整。本次返场主要侧重对整体的协调及公众的反馈，从而进一步完善设计。

实施后的评估，可根据具体实践方案考量，空间返场的步骤也应结合实际进展适当增减，本案例仅供启发思考，不再深入表达。

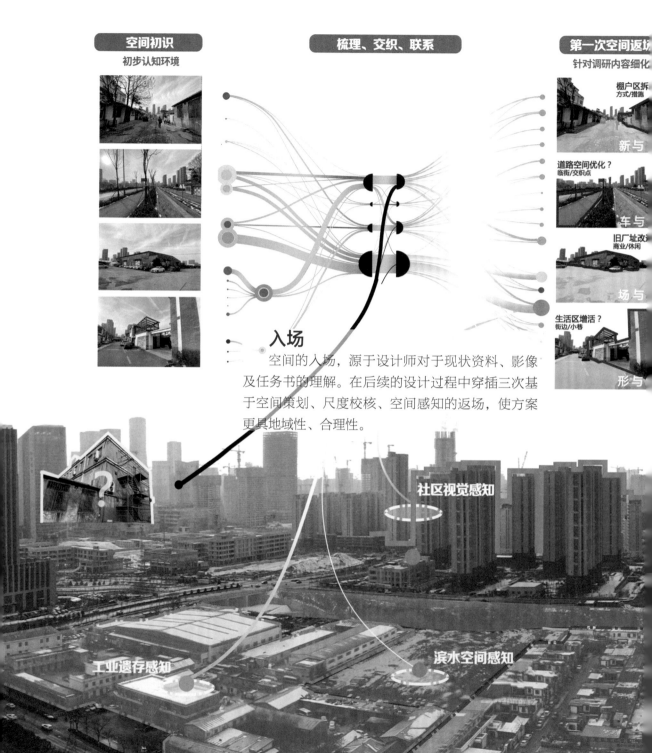

空间初识
初步认知环境

梳理、交织、联系

第一次空间返场
针对调研内容细化

棚户区拆
方式/措施

新与

道路空间优化？
临街/交织点

车与

旧厂址改
商业/休闲

场与

生活区增活？
街边/小巷

形与

入场

　　空间的入场，源于设计师对于现状资料、影像及任务书的理解。在后续的设计过程中穿插三次基于空间策划、尺度校核、空间感知的返场，使方案更具地域性、合理性。

社区视觉感知

工业遗存感知

滨水空间感知

图 2-5　空间返场过程示意

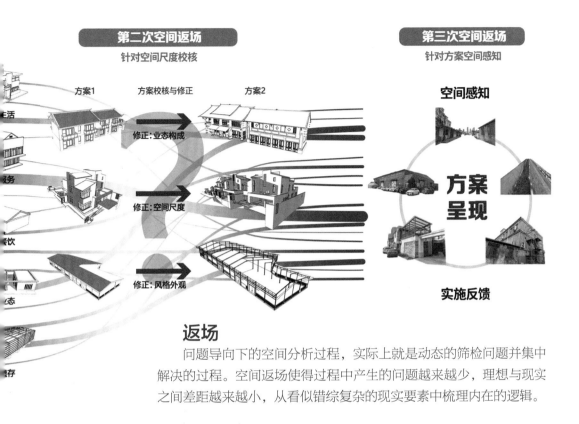

返场

问题导向下的空间分析过程，实际上就是动态的筛检问题并集中解决的过程。空间返场使得过程中产生的问题越来越少，理想与现实之间差距越来越小，从看似错综复杂的现实要素中梳理内在的逻辑。

随着摄影工具的普及，使用相机、无人机记录身边城市影像已成为很多设计师的职业习惯（图2-6）。当设计师有意识地将对时间过程、空间场所的理解植入照片时，影像就不仅仅是一种兴趣的产物，而且成为城市设计中提炼思路理念的辅助工具。

图2-6 济南城市中心区低空图景

2.2.1 场景分析

设计开展的前期,大多数设计师都会进行现场调研,拍照是一种重要的方式。实景照片不仅是方案设计过程中不断反思现状的有效工具,更是反映设计意向的良好载体。这种依托真实影像进行的分析,可称为场景分析。

随着拍摄工具的多元化,航拍技术在设计领域的逐渐普及,设计的场景分析早已脱离了视线范围的限制。然而,调研结束后整理影像资料,经常会发现大量的分析影像并不具备实用性,其主要原因是设计师在调研过程中缺乏场景分析思维(图 2-7)。

图 2-7 案例调研的典型随手拍摄

以上场景是典型的调研过程中的"随手拍",缺乏场景分析意识:
一是建筑及周边空间环境的现实问题交代不清。
二是无法为后期的改造意向提供可利用的影像素材。
三是场景缺乏针对性,无法体现空间的前后对比。

2.2.2 全知视角

场景分析不局限于现状,更要考虑前后的建设情况对比、未来的空间场景搭建等。无论是卫星图之于区域环境的概述、无人机航拍图之于街区肌理的表达,还是实景照片之于场所空间的模拟,不同类型的影像图能够反映、解决不同尺度、不同阶段的设计问题。这种运用多种手段、考虑视角多样性、重视时间延伸性的场景分析,可称为全知视角分析,要求设计师在获取场景影像时具备预判性考虑:时间维度,如何通过场景提取抽象原型指导方案的理念生成;空间维度,如何通过不同场景全方位感知场地空间特征;场所维度,现实场景中有哪些现有要素会对未来方案设计有所影响。

1）尺度递进

结合实际任务的需求，全知视角的分析成果或许是一张全景图片，也可能是一系列包含卫星、鸟瞰角度、人视角度的分析组图。

卫星影像的绝对高度，能使设计师宏观感知整体空间环境的结构与肌理；无人机的高空视角及动态观览特征，能够直观反映局部空间与环境的关系，捕捉独具特色的场景；而人视角度的实景照片，则有助于设计师进行重要节点场所空间的模拟。以上三者在项目前期调研过程中往往以递进的形式展开（图2-8）。

图 2-8　逐层聚焦的场景

2）人本视野

空间为人所观，为人所用。设计最终要被人"看到"，才具备设计价值。因此，全知视角下的场景捕捉应基于人本视野，体现空间的日常映绘和场所特征。

设计师经常忽视的日常空间往往是城市设计中最应重视的场景，除了步行感知的低视点场景外，中高层建筑所获得的城市低空场景（高度50~100 m）是居民日常工作、生活的常见图景，也应引起设计师的重视；人本视野场景图作为分析、构思的载体，应重视凸显场所特征，清晰地反映基地周边自然环境特征，以便设计师从更多元的角度梳理现实问题，构建未来场景（图2-9）。

图 2-9　低空视角的设计场景

3）时间延续

每一处基地在不同的时间段均能体现出不同的空间特征，而全知视角的分析思维通过影像将之记录，从而在动态变化中提取恒定的元素。以城市更新为例，反映时间过程的连续性影像更利于设计师了解基地现状问题的核心，进而探寻空间变化的规律（图2-10）。

图2-10 时间序列的前后场景对比

如前所述，全知视角的影像实际上是经过充分准备、资料收集后的预判性调研成果。设计师在调研前已充分掌握了该基地短期内的变化情况。当纷杂的工业遗存建筑被拆除后，场地的空间结构凸显，设计师对于场地未来空间结构的认知也更加明晰。

其一，结合对比影像，设计师结合现状及诉求，对建筑进行评价，分别明确了未来实体保留及意向保留建筑。

其二，结合相关资料，梳理了工艺流程与建筑分布的关系。通过拆迁前后影像对比提取要素流线，形成闭环的结构。

其三，设计师结合空间需求将流线抽象为"圆环"，并结合实体保留及意向保留建筑为之附加多个节点，使之逐渐演化成为任务的空间结构（图2-11）。

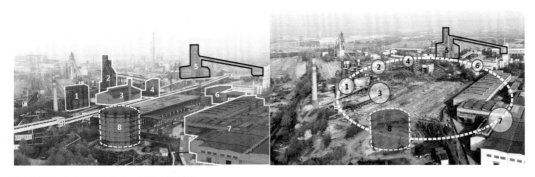

图2-11 由场景对比生成的抽象结构

2.3 数形结合的量化思维

　　对城市空间的解读除了基本的环境分析，数形分析的结合更具有空间导引性，对后续面向实施的空间管控作用更加明显。本节以济南佛山倒影空间意象为例，展现如何将定性及定量的分析方式应用于城市空间问题的解决中，希望通过数形分析为城市动态开发建设提供理论支撑（图2-12）。

2-12　济南佛山倒影的当代空间图景

城市设计的目的是解决空间问题，问题的模糊会导致设计理念及思路包罗万象而没有针对性。只有跳出超现实的概念思维模式，从空间量化评析角度出发解读空间、营造空间和导控空间，才能更好地将概念付诸实施。

2.3.1 数形概念

城市设计兼顾空间美学与理性，然而对于"美"的探讨却很难有一个公认的评价标准。尤其面对城市设计中最常见的公共空间，很难从量化的角度判断它的优劣。城市设计应探寻一种集感性与理性于一体的分析方法。

考虑到实际操作的便捷和可行性，运用空间量化技术提出空间量化与形态导控分析相结合的"数形分析法"，可兼顾分析的科学性与美学。本方法旨在通过问题探寻和技术探究的方式，解决前期分析时遇到的瓶颈和常见问题，为中期方案优化和提升、后期实施和管控提供思路和依据。本节以济南佛山倒影区域为例，通过梳理现状、解析问题、设计导控，探讨如何运用数形结合分析法研究城市空间美学问题。

数的分析

①简洁化：避免复杂化与过度分析。
②问题导向：定性分析，细化基地问题并引导生成解决目标。

形的引导

①综合化：对宏观环境进行多维分析。
②目标导向：定量分析，针对产生的问题制定相应技术方法。

2.3.2 分析内容

"佛山倒影"历史悠久，从古城中大明湖北岸向南眺望千佛山，水中形成山体倒影，仿佛有另一座千佛山，是济南典型的空间图景之一。

随着时代的发展，济南城市建设围绕古城和商埠区拓展，古城以南成为城市建设中的快速发展区域，佛山倒影区域也受到了空间的冲击。在近几十年的时间里，核心区域街道两侧高层建筑数量与高度激增，山脉的轮廓逐渐被割裂消失，使对佛山倒影的视域界面进行合理控制引导显得尤为重要（图2-13）。运用数形结合的分析思维，利于设计师、管理者探寻传统城市空间意象的痛点，并提出应对策略。

图2-13 济南佛山倒影空间图景

1."数"的认知

设计工作是围绕设计目标来展开的，设计的产出就是解决问题，设计解决问题的表现形式与手段就是执行与完成一个又一个的任务。结合基地相关数字化信息，直观还原基地真实情景，为后续解析明确方向，在本案中主要是对佛山倒影现存问题的提炼。

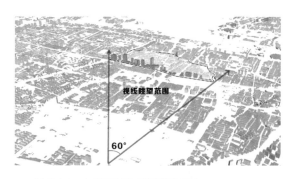

图2-14　中景区域三维空间展示

1）明确问题

在当前复杂的人地空间关系下，山—城—水视觉界面空间在演替过程中被建筑所切割，局部空间碎片化，使得早期的图景失去了原真性。

2）预判内容

通过技术模拟探讨不同空间界面形态下的建筑空间组合形式和空间美学评析方法，为城市的地块更新改造提供新思路。

3）选取视点

由于佛山倒影具有眺望的距离尺度和公众习惯属性，研究视点选取大明湖北岸的历史遗存眺望点，包含近景、中景（图2-14）、远景（图2-15）三个区域。

4）选取范围

研究选取了高层建筑布局较密的中景区域，是佛山倒影区域开发强度大和面向未来界面空间修补的重要地段。

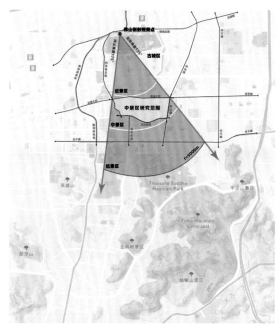

图2-15　"佛山倒影"空间尺度及眺望视线

问题探寻：
①所分析事物的主要问题或挑战在哪些方面？
②所分析事物的自身价值与城市价值是什么？
③设计师认为最合理的整合方式是什么？

方法思索：
①聚焦不同主体，协调多方利益、矛盾。
②因地制宜，放大问题，突出矛盾，解决方案。
③信息清晰化，确保方案更具前沿性和可行性。

2. "形"的提炼

"形"的分析的首要工作是梳理基地所存在的问题要素。问题应当具有针对性和紧迫性，而不应贪多求全。因此，在前期现状调研时，研究者应当善于观察发现问题。本案对周边居民进行了问卷调查及访谈，初步明确了现存问题种类，并根据不同群体受问题的影响程度不同进行了一定的权重衡量，总结出真正需要解决的问题（图2-16）。

①引导建筑空间组合关系——中景区域地块权属较为复杂，不同权属地块所属用地性质差异也较大，且临街多以商业用地为主，开发强度较高。

②眺望空间界面的美学评价方法——基于视觉界面的城市背景天际线优美程度，评析方式因人而异，但高层建筑对于山体界面的切割和破坏，严重影响界面完整性（图2-17）。

③传统城市意境与现代城市设计的协调——探索高层建筑与山水结合的新形式。

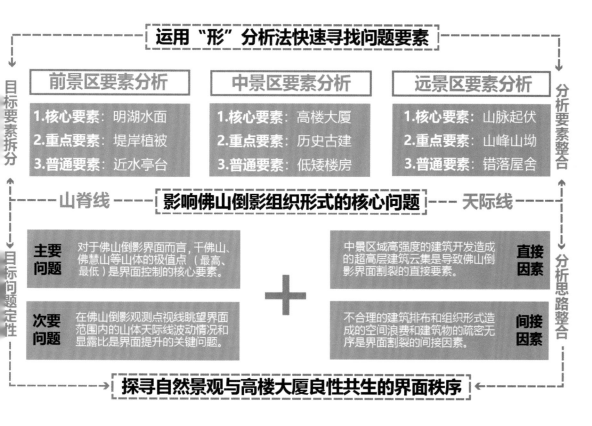

图2-16 "形"的提炼思维线路

远景

中景

近景

佛山倒影

图 2-17 "佛山倒影"空间界面的多层次提取

3. 数字模拟

如果说形体化分析问题导向下的定性研究，可以回答"目标、方法、意义（what、how、why）"等问题，那么数字化模拟分析则是目标导向下的定量研究，用数据来验证定性研究的分析结果，并进一步提出针对性建议。

①技术支持：以数字化思维分析问题（图 2-18），形成完整的量化模型，运用 GIS 等技术搭建视域眺望数字化平台，提取真实视野下的佛山倒影视域界面（图 2-19）。

②立足数据：对于基础地理数据、正射影像数据、街景影像数据、全景影像数据、三维模型数据、专题数据等各类数据，按照地理位置在数字城市里进行整合。

③功能需求：对系统对象执行的操作通常需要对地块内相关功能属性进行数字化统计，包括界面影响因素的位置范围等相关信息。

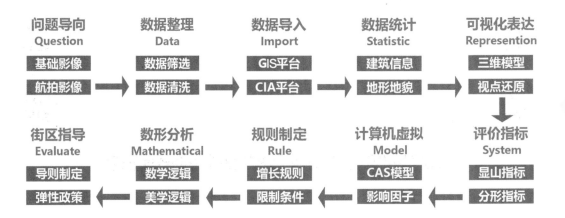

图 2-18 数字模拟思维线路

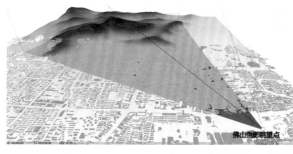

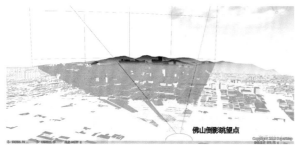

图 2-19　山城眺望可视化分析

4. 数形结合

实践中，将研究阶段收集的信息高效而系统地转化为详细的设计较难，部分原因是长期以来设计师不参与数据化分析的研究过程，更多依赖调研和设计目标进行预判和分析。针对既有目标，结合各方面的分析技术，如地形坡度分析、视线通视分析、天际线提取等，利用目标化导向的设计方法有助于设计师对研究地块有一个全方位的认识和把握。

1）数形分析

数形分析是一种可使复杂问题简单化、抽象问题具体化的常用方法,把抽象的数学语言、数量关系与直观的几何图形、位置关系结合起来,通过"以形助数"或"以数解形"，使复杂问题简单化,抽象问题具体化,从而实现优化解题途径的目的。本案结合现有研究成果资料,指标量化山体与建筑天际线,考查两者的吻合程度（表 2–1）。

表 2-1　"佛山倒影"天际线吻合度分析

天际线	数形分析计算	影响范围			极大值极小值差		DF_1	
山体	$DF_1 = \dfrac{H_{max} - h_{max}}{H_{min} - h_{min}}$	$\triangle L$	$\triangle L_{左}$	$\triangle L_{右}$	$\triangle H_{左}$	$\triangle H_{右}$	左	右
		0.15W	0.05W	0.10W	0.46H	0.25H	0.39	0.11
建筑	$DF_2 = \sqrt{\dfrac{\sum(N - \overline{n})^2}{n}}$	$\triangle L$	$\triangle L_{左}$	$\triangle L_{右}$	$\triangle H_{左}$	$\triangle H_{右}$	左	右
		0.27W	0.08W	0.19W	0.41H	0.65H	2.23	2.11

2）美学评价

美学质量评价旨在利用计算机模拟人类对美的感知与认知，自动评价图像的"美感"，即对图像美学质量的计算机评价，主要针对拍摄或绘画的图像在构图、颜色、光影、景深、虚实等因素影响下形成的美感程度。通过对佛山倒影视觉空间界面进行几何分析，可从美学角度探寻这一图景画面的几何关系（图2-20）。

理性：数形分析
①运用数学缜密的逻辑性思维，对界面做出理性的认识。
②基于数学模型的界面控制具有更好的可操作性和适应性。

感性：美学评价
①评价界面不能忽视美学对其产生的影响，感性的分析是设计的点睛之笔。
②理性的思考与感性的认知，共同构成了对界面的全方位认识和思索，使分析更加全面。

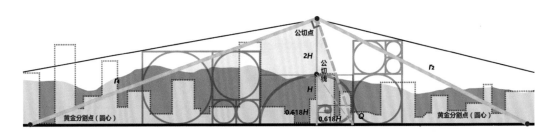

图2-20 "佛山倒影"界面数形分析与美学评价

5. 分析延展

依据界面的黄金分割，提出佛山倒影视域界面的分段控制方式。控制要素将完整的佛山倒影眺望视域界面分为核心区域和非核心区域，分别制定不同的管控策略（图2-21、图2-22）。

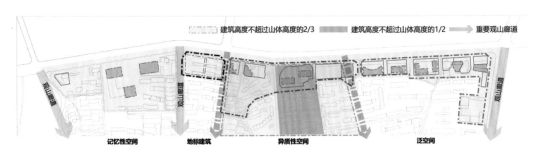

图2-21 基于数形分析法的视域界面控制

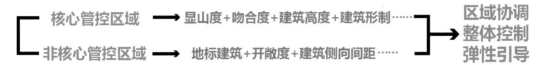

图 2-22 基于数形分析法的实施管控

非核心区域对吻合度等方面的控制可以相对宽松，但需做到建筑界面不能将山体界面完全遮挡，否则会影响山体界面的整体完整性，也不利于该区域未来的更新发展。核心区域则依据界面内山体对此处建筑高度严格限制，以期达到界面内吻合度的动态平衡（图2-23）。

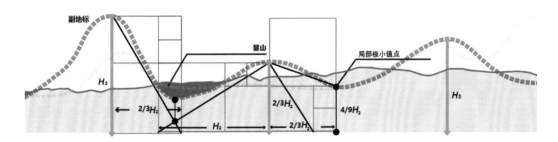

图 2-23 基于数形分析法的建筑高度控制

2.3.4 数形展望

本节所述的分析法只是数据理性与空间美学结合的一种尝试，并未详述分析过程，具体深入分析可参考团队发表的文章。这种结合在未来的城市设计空间思维中将有更广泛的体现：多源异构数据整合和分析是引导解决设计问题的核心；多种技术相融合的数据可视化处理平台构建是引导解决设计问题的关键；虚拟的城市仿真技术应用是引导解决设计问题的创新点。技术让城市问题的变化变得更易于被感知，数据精细化让城市的各类资源更易于被充分利用，数形分析的思维让城市设计更加精细化和智慧化。

2.4 实体模型的推敲思维

空间推敲是城市设计过程的重要组成部分，模型推敲是其重要方法之一（图 2-24）。因城市设计空间尺度的多样化，所以既有面向大尺度的数据模型，亦有面向小尺度的沙盘模型。每种模型空间推敲，都有其独特的方式和素材，技术快速发展下的设计表达差距缩小，城市设计空间形态的数形分析差距却在拉大，很多情况下，设计过程也会丢掉比例缩放下的实体模型空间推敲环节，而转为结果展示。设计师应结合任务需求，回归空间本质，发挥实体模型取材多元、体验性强、感受直观的作用，形成空间推敲的过程思维。

图 2-24　订书钉模型表达示意

将实体模型空间推敲融入城市设计当中，在维持空间形态的基础上实现空间比例的转换，用小的模型空间撬动大的城市空间，是需要设计师实现的空间思维转变。实体模型材料种类较多，每种材料都有其不可替代的独特之处，订书钉便是其中之一，其材料普遍、便于手持、操作便捷，是微观空间组合推敲过程中便捷的辅助工具（图2-25）。

2.4.1 订书钉的规格

订书钉的型号多样，通常以类似"24/6"的格式表示。"24/6"中的"24"为 AWG 线规，用于表示钉的线材直径（24 为 0.511 mm）；"6"表示钉的脚高为 6 mm。其中，AWG（American wire gauge）为美国线规，是一种区分导线直径的标准，数值越大，导线的直径就越小（表 2-2）。

表 2-2 常见订书钉规格尺寸一览

型号	尺寸（mm）	型号	尺寸（mm）
6/4	7.1×4.2	23/6	12.9×6.0
8#	7.2×3.9	23/8	12.9×8.0
10#	9.4×4.9	23/10	12.9×10.0
12#(24/6)	12.7×6.0	23/13	12.9×13.0
26/6		23/15	12.9×15.0
24/8	12.7×8.0	23/17	12.9×17.0
26/8		23/20	12.9×20.0
BB	8.9×4.4	23/23	12.9×23.0
B8	11.6×7.2		

注：①上表订书钉的尺寸以"钉外宽 × 钉全高"的形式进行描述；② 8#、10#、12#、23/10、23/13、23/23（加粗字体），是《订书钉》QB/T 1151—2011 中的规格尺寸；③ BB、B8 属美国书针。

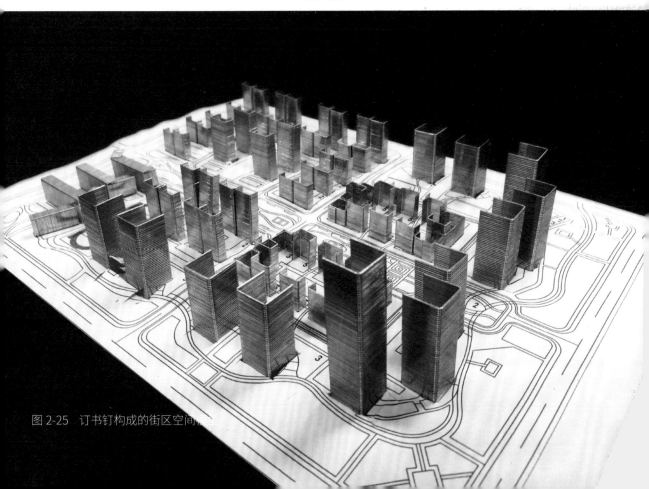

图 2-25 订书钉构成的街区空间模型

2.4.2 订书钉的
表达

订书钉多样的型号和不同的尺寸为其表达不同的建筑和空间提供了可能。方案构思过程中，可以通过订书钉的排布推敲二维平面的肌理组织（图2-26）。由于订书钉尺寸以两针间距13mm为主，针脚高度从6mm到23mm不等，可将其"站立组合"，用来分析三维空间的形态组合方式（图2-27）。基于此，订书钉可以在一定程度上反映较为真实的比例缩放建筑组合空间（图2-28）。

图2-26 订书钉的肌理表达示意

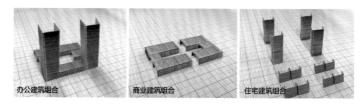

图2-27 订书钉的建筑组合表达示意

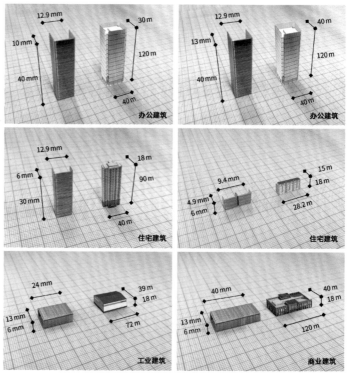

图2-28 不同规格订书钉的建筑表达

2.4.3　订书钉的优势

　　面向中小尺度的城市设计模型空间推敲，订书钉有着独特的优势，体现为"平面延展、立体延伸"和"尺度精确、模数多变"。它能在一定程度上表达不同功能的建筑，并可根据实际的需求去拆解订书钉，较为合理准确地表现不同尺度的空间效果。例如，在表达高层办公建筑时能体现较为准确的建筑体量，在表达居住小区等阵列式建筑组合时能更韵律化地体现空间组合关系，在表达工业建筑时也能表达出层高 1m、进深 3m 的扩大模数。订书钉模型空间推敲能在快速优化方案的同时保证相对合理的尺度，对比电脑模型和激光切割模型也不会有大的"尺度失真"（图 2-29）。

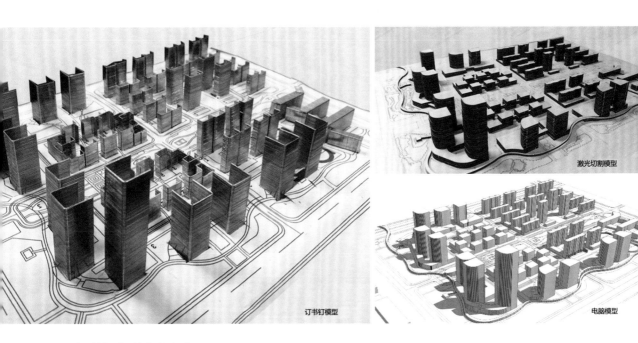

图 2-29　多种模型推敲方式比对

2.4.4 订书钉的操作方式

在具体模型操作过程中，如何"订"住空间？首先是"掰折"，掰折是操作订书钉最便捷的方式，在既定的模数和比例导控下，沿着纹理进行掰折，可以轻松得到想要的"建筑"尺寸；其次是"粘合"，粘合指多个订书钉左右相连，组合为一个整体建筑，进行大尺度的建筑表达；最后是"嵌印"，选用质地柔软的KT板（平整草图纸亦可），通过按压（粘合），便可以让坚硬的订书钉嵌印其上，极大地方便了空间推敲过程的操作（当然也可在平整图板上摆放组合）（图2-30）。通过掰折、粘合与嵌印的方式，可以更快速、更便捷地进行空间推敲（图2-31）。

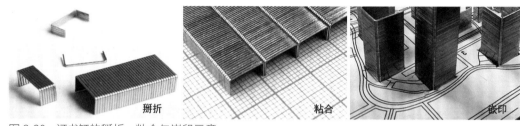

图 2-30 订书钉的掰折、粘合与嵌印示意

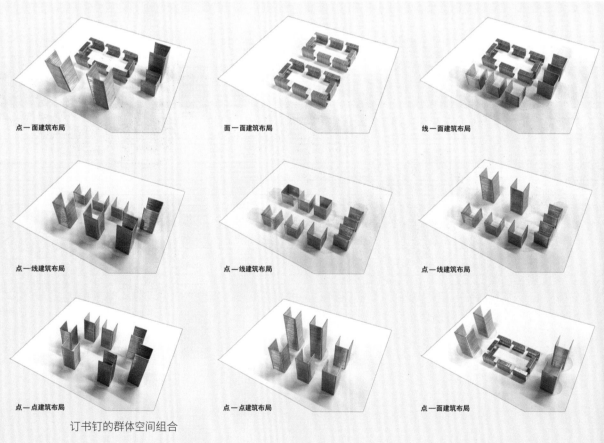

点一面建筑布局　　面一面建筑布局　　线一面建筑布局

点一线建筑布局　　点一线建筑布局　　点一线建筑布局

点一点建筑布局　　点一点建筑布局　　点一面建筑布局

订书钉的群体空间组合

图 2-32 订书钉应用示例

通过空间尺度样态和开敞封闭的对照，运用点、线、面等建筑要素相互组合与比较，形成多样态的空间对比与变化。也可从多角度去探寻空中视角的城市天际线组织和街道空间感受（图2-32）。

图 2-31　订书钉的空间推敲示意

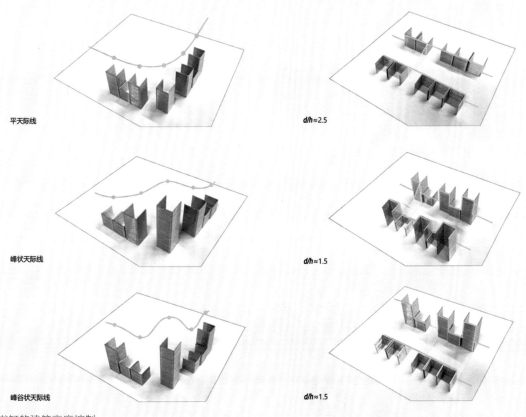

平天际线　　　　　　　　　　　　d/h≈2.5

峰状天际线　　　　　　　　　　　d/h≈1.5

峰谷状天际线　　　　　　　　　　d/h≈1.5

订书钉的建筑高度控制

方案一
高层建筑的外围带状布局

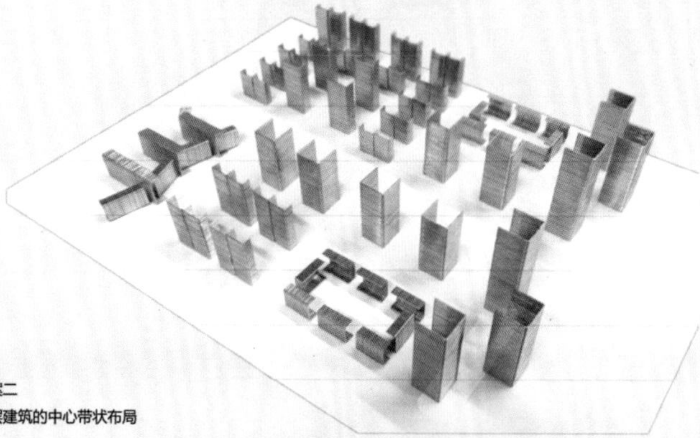

方案二
高层建筑的中心带状布局

方案三
高层建筑的分散点状布局

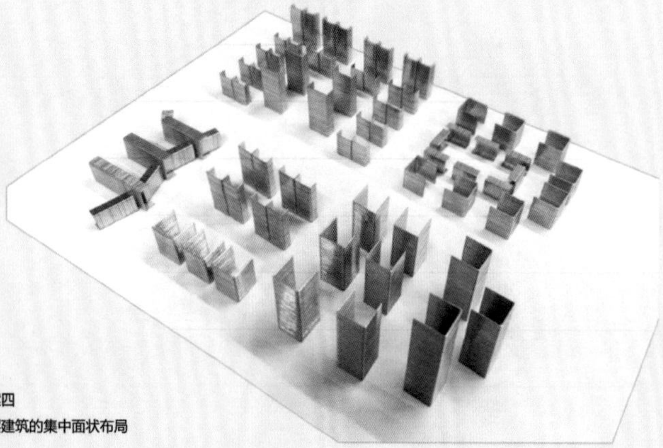

方案四
高层建筑的集中面状布局

2.4.5 订书钉的多方案比选

针对具体的城市设计方案，亦可增加多方案的空间推敲比选。如针对高层建筑的多方案比选参考和进一步的修正推敲，辅助确定空间方案生成（图 2-33）。

图 2-33 订书钉的多方案比选

2.4.6 空间推敲的过程演示

总体来说，实体模型的推敲分析是空间思维之于方案构思的主要手段，限于自身尺寸及形态模数相对固定等特点，订书钉多适用于中微观尺度的城市设计。作为过程推敲方式，不同规格的订书钉组合可以表达丰富的空间形式，设计师在推敲过程中也增强了对空间尺度与特征的直观感知，方便及时发现方案设计中存在的问题，成为空间思维日常化的便捷方式（图 2-34）。

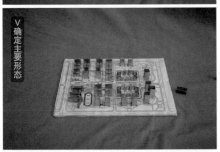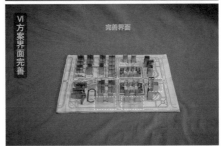

图 2-34 订书钉模型空间推敲过程

3 |空间图析|

从思维方法到图析过程

　　面向分析表现的技术研究颇丰，本章不再赘述。相对于表达手法的炫丽华美，本章更希望结合团队的设计案例，以图析为基本载体，将顺城市设计各环节的思维逻辑，探讨空间图析在不同类型设计中的实际运用特征。

　　济南多泉水，人们对其"因泉筑城"的空间特色多有耳闻，却鲜有人了解其"因山成水"的漫长过程（图 3-1）。南部山区构成了济南的生态基底，雨水在群山中汇聚并自南向北流向小清河，在古城区形成了泉群，生活于此的人们因地制宜地构筑了泉水聚落等一系列独具特色的城市空间；也正是因为山的存在，才有了后来对济南空间发展影响重大的"泉城特色风貌带"。对于城市设计的空间思维亦是如此，在深入剖析现实空间环境的基础上，设计师逐渐演绎出理念、结构及多种多样的空间故事，由此形成空间体系。

图 3-1　济南山城低空图景

3.1 图析体系

3.1.1 分析过程

从时间维度看，城市设计似乎已经形成了固定的分析流程——现状解读分析、理念构思分析、方案展示分析等，设计师在相对固定的模式中开展对空间的探讨。如果将空间当作贯穿城市设计的主线，那么每一个环节都会面临不同类型的问题，体现出阶段的特殊性，而问题导向下的空间思维也在不同环节之间演替、转换。本节提出空间思维的图析体系，从问题发现、解决方式、反馈评估等方面为城市设计梳理一条简明实用的思维逻辑（图3-2）。

图 3-2 图析思维流程

1）调研分析——明晰问题

此阶段的设计对象是目标所处的环境。如前所述，城市设计作为一种解决空间问题的方法，其研究范围并不局限于城市。然而无论处于城市还是乡村，山野还是海岸，不同规模、区位的设计对象都有其特殊的自然环境特征，以及其背后的文化习俗及居民诉求。笔者将这种集显性物质空间与隐性社会元素为一体的环境特征，称之为场地特征。因此，前期调研的目的，即是发掘场地特征，并将之转换为城市设计将要解决的问题。

2）设计构思——明确方向，明理思路，明示方案

设计师在此阶段结合问题提出设计理念，进行空间设计，这也是城市设计中周期最长、设计成果中内容最多的阶段。方案设计的同时，设计师还需要考虑构思过程展示、方案效果表达、空间特色分析等多项内容，前文所述的广义、狭义层面的分析在此集中体现。因此，方案设计是提出解决问题的策略，并展示策略实效性的过程，它并不局限于单纯的空间设计环节。

3）实施反馈——明细计划

城市设计方案的落实，在于其策略能够真正对具体的空间营造产生管控作用，制定规则的同时又不限制建筑、景观设计的灵感发挥。注重空间视觉审美的同时，更要考虑管控措施之于管理者的可操作性，之于建设者的灵活性，之于公众群体的可参与性。因此，城市设计实施，实际上是将设计策略转换为空间导则的过程。

3.1.2 图析体系

基于城市设计师的工作需求及任务要求，空间思维的分析过程最终要落实于图面的表达，即诉诸"图析"。这种图可以是对某种问题的辅助思考、某阶段思路的推导过程，也可以是整体设计内容的解读表现；图析内容有的以显性的成果形式体现在图纸上，有的仅仅是设计师在设计过程中用以辅助思考的思维导图，或推敲空间的设计草图。

图析体系可以衍生出对应的思维图解，辅助各环节的思维进展或反映其思考结果。分别为问题分析图、理念分析图、构思分析图、方案分析图及管控分析图。

1 空间场地特征是什么？

提炼环境的问题分析
图析主体：设计环境
关键内容：梳理提炼，问题导向
分析目的：了解环境特征，明确设计需要解决的问题

2 理念生成机制是什么？

演绎灵感的理念分析
图析主体：构思理念的来源及推导
关键内容：抽象原型，明确切入点
分析目的：梳理及展示分析思路，筛选简明有效的解决方式

3 如何让理念落实更合理？

辅助思维的构思分析
图析主体：方案设计推导过程
关键内容：多方式的辅助推析
分析目的：辅助设计师将理念转化为合理的空间布局

4 设计方案要传达什么？

展示特色的方案分析
图析主体：方案设计构思特点，方案设计推导过程
关键内容：功能与美学的兼顾，真实与量化的凸显
分析目的：展示核心特色，利于使用者及公众了解方案内容

5 如何利于后期管控？

对接实施的管控分析
图析主体：简明图则，空间量化
关键内容：设计方案中具体指导管控及对接实施的内容
分析目的：便于使用者管控实施，辅助设计师方案评估

3.2 环境剖析

3.2.1 明晰问题

"环境"一词一般被认为是"人类生存的空间及其中可以直接或间接影响人类生活和发展的各种自然因素"的统称，按照属性通常分为自然环境与社会环境。从城市设计的角度来说，自然环境由物质空间中的显性元素构成，社会环境则涵盖了依附于物质空间的经济、文化等隐性元素，对于两者的剖析最终指向项目所在地的场所特征。这也构成了判断城市设计成功与否的首要标准——它能否反映基地所处环境的场所特征。例如，空间层面，城市设计是否满足生态要求，是否利用了自然景观优势；社会层面，是否延续了场所的历史文化文脉，是否考虑了居民诉求。环境要素是包罗万象的。因此，空间思维下的环境剖析不是传统意义上的现状情况梳理，而是带着预判的眼光对场所特征的发掘、升华。

1) 传统的梳理

在任何项目进入方案设计前，设计师都习惯于对项目的前期背景及现状情况进行梳理。在传统的分析语境中，这一步骤通常被称为"前期梳理""现状分析""背景解读"等，是设计开展的前奏与基础。

然而前期梳理在传统城市设计中往往成为程式化环节，设计师将现状拆分为区位、基地、政策、上位规划等部分一并分析。这种思维模式虽全面，却易停留在区位的表达、现状的展示及政策的陈述层面，忽视了项目认知阶段的重点，即先期对于环境核心问题——社会环境和自然环境问题的明晰。

2) 预判的思考

成熟的设计师从接触项目之初，甚至在去现场之前，通过与甲方的沟通交流，就会对项目的定性产生初步的预判，同时会对基地现状和周边环境展开一定的假想，脑海中浮现若干有关联性的项目关键词。例如，得知项目属于村庄规划类型，则联想到"人地空间""产业业态""资源特色"等，自然会进一步形成对村庄"人、地、业"的综合思考和初步构思；对于新区建设类项目，设计师则会联想到"门户形象""职住空间"等，进而形成对标志性建筑、功能布局的预判。

这些关键词如同中国传统的活字印刷一样，在设计师脑海中形成了"词库"，在拿到设计任务书和基地资料后，这些初步预判将使现场踏勘和资料梳理更有指向性，项目所需的"活字"将逐步被筛选，直至与理念、设计、实施相对接。

对经济政策背景、委托主体自身情况等社会环境的认知，与基地自然环境、现状建设等物理环境的解读，形成了前期剖析阶段问题明晰的主线。其中自然环境主导着方案策划及设计的在地性，社会环境主导着项目运营的实效性，二者共同构成城市设计的场所特征。

3.2.2 自然环境与社会环境

自然环境的评析与空间直接对应，并不仅仅是做一张区位图，简单标注项目所在地的空间位置及与周边要素的联系，而是详细解读基地所属环境的资源特色，从更广阔的区域环境审视项目自身特殊性。对于区域环境特征明显的项目，更应在最初阶段掌握其先天优势。跳出单纯的区域现状陈述，强调从区域环境层面对项目特色寻根溯源，才更能抓住自然、历史赋予设计的"精气神儿"（图3-3）。空间设计虽以物质为载体，但承载着综合的社会属性。任何尺度现实空间的形成，都是各种社会属性互相影响的结果。在前期梳理中，委托主体的实际情况及经济、政策对项目的需求，应受到设计师格外的重视。

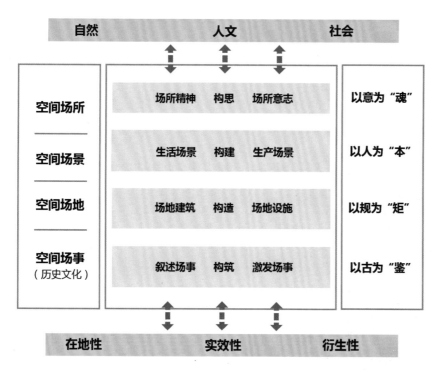

图 3-3 基于环境场所的思维体系

自然条件与社会环境因素总是耦合在一起的，但只有明晰两种环境因素的主次关系，才能更准确地把握方案的进展方向。结合以上，本节选取区域环境特征明显的实践案例作为解析，分别侧重物理环境、社会环境因素，解读以明晰环境为切入点的前期剖析思路。

3.2.3 案例分析

山村聚落的环境解读: 本案例属于美丽村居设计, 位于山东省淄博市周村区城区南部 (图 3-4) 。村庄自身历史底蕴深厚, 族谱悠长完整, 古代频出进士, 并有多座保留完整的历史建筑仍在使用。该村前期已编制传统村落保护方面的设计方案, 并对村庄公共配套、基础设施等支撑体系进行了统一实施。在以上方面能够继续提升的余地较小, 关注重点应当是如何将村庄特色予以提炼, 转换成为村庄发展的新动能。

图 3-4 山村聚落的环境解读示意

1. 环境解读

经过初步调研可知，村庄中的历史建筑等物质空间特色相当明显，设计不能仅仅从村庄内部寻找物化的特色，更应从区域环境中探寻传统村落发展的脉络。

在此思路的引导下，分析首先从历史资料、卫星影像入手，对基地所在村庄周边的城市格局、山水环境、村庄聚落进行了由面域到节点的收缩式考察，获得了具有启发性的信息。

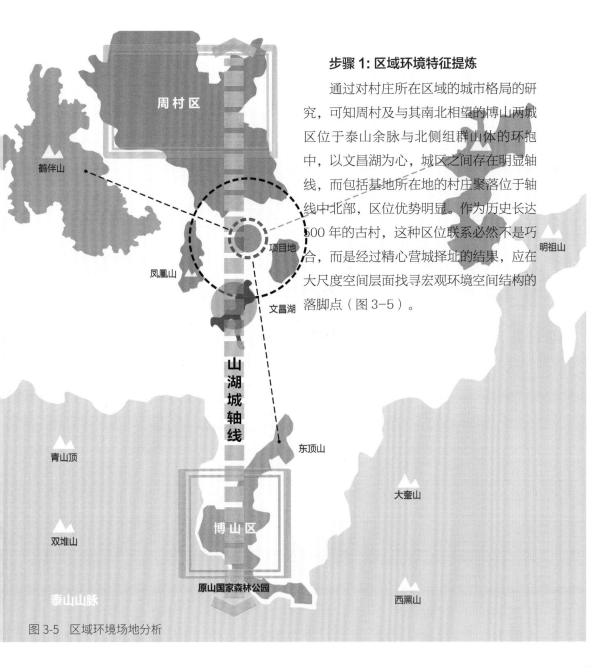

步骤 1：区域环境特征提炼

通过对村庄所在区域的城市格局的研究，可知周村及与其南北相望的博山两城区位于泰山余脉与北侧组群山体的环抱中，以文昌湖为心，城区之间存在明显轴线，而包括基地所在地的村庄聚落位于轴线中北部，区位优势明显。作为历史长达500年的古村，这种区位联系必然不是巧合，而是经过精心营城择址的结果，应在大尺度空间层面找寻宏观环境空间结构的落脚点（图3-5）。

图 3-5 区域环境场地分析

设计师进而将研究范围缩小至村庄聚落周边。村志记载，村庄周边有9座山体，南1北8，有河道串联。结合实地调研可知，现状9座点状山体围合形成状如弯弓的自然格局；隐没的水脉由北向南贯通多个村庄，宛若弓弦。基地所在村庄位于水系中央，整个山、水、村格局如同箭在弦上，形态特征明显。

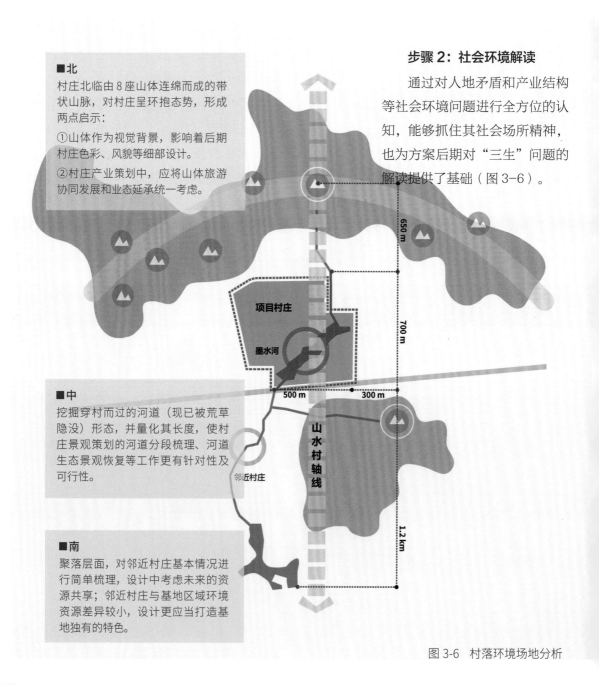

■北
村庄北临由8座山体连绵而成的带状山脉，对村庄呈环抱态势，形成两点启示：
①山体作为视觉背景，影响着后期村庄色彩、风貌等细部设计。
②村庄产业策划中，应将山体旅游协同发展和业态延承统一考虑。

■中
挖掘穿村而过的河道（现已被荒草隐没）形态，并量化其长度，使村庄景观策划的河道分段梳理、河道生态景观恢复等工作更有针对性及可行性。

■南
聚落层面，对邻近村庄基本情况进行简单梳理，设计中考虑未来的资源共享；邻近村庄与基地区域环境资源差异较小，设计更应当打造基地独有的特色。

项目村庄

墨水河

邻近村庄

山水村轴线

650 m

700 m

500 m

300 m

1.2 km

步骤2：社会环境解读
通过对人地矛盾和产业结构等社会环境问题进行全方位的认知，能够抓住其社会场所精神，也为方案后期对"三生"问题的解读提供了基础（图3-6）。

图3-6　村落环境场地分析

步骤 3：村庄特色线路提取

前期对自然、社会环境的梳理为村庄未来发展的定性提供了依据，随着分析范围的进一步缩小，村庄自身的物质空间特色与外部环境的呼应逐渐显著。

通过航拍及实地调研可知，村庄位于聚落水系中段的北畔，由南向北依次分布着天主教堂、宗族古楼、书院等历史遗存，直至村域北邻的山下还有宗族碑林留存，这些元素布局方式历经了上百年的演变。"乡村记忆线路"概念由此产生，后期的微观空间设计都将有针对性地围绕此线路开展（图 3-7）。

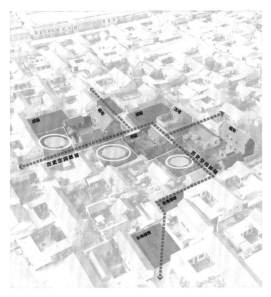

图 3-7 乡村记忆路线提取分析

步骤 4：节点空间环境聚焦

美丽村居设计不在于整村的"大换血"，而是基于特色节点的"微创治疗"。以策划思维分析，建议利用现状特色节点进行微更新，重点打造村庄吸引点。

村庄河畔的天主堂属于重点文物保护单位，但周边环境闭塞杂乱，建筑当前做冻结式保护。设计建议将天主堂作为先期建设的重点任务之一，并结合场景影像提出更新改造的意向（图 3-8）。

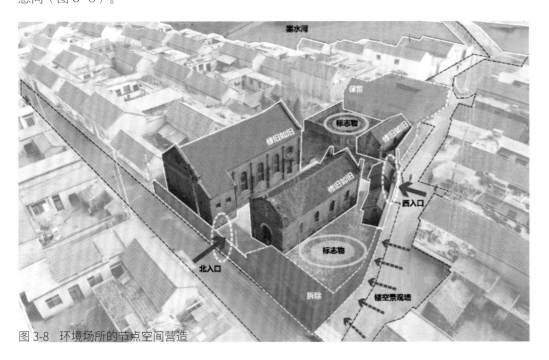

图 3-8 环境场所的节点空间营造

2. 对接方案

基于以上对区域环境的梳理，设计从三个层面明确了设计的重点与策略。

1）区域层面

结合环境分析体现出的村庄选址特殊性，以及周边旅游资源的现状特征，设计师认为区域范围内已具备空间轴线、山水格局和文旅资源，村庄聚落可作为传统村落特色节点，完善构建大区域的特色旅游圈层。

2）聚落层面

村庄聚落形态特征显著，并具备构建体系的山水条件。设计师将疏通村庄聚落间的隐没水系作为展现山水精神的基础，提倡以水脉串联村落节点的方式进行聚落特色提升，打造村庄在聚落层面的示范点。

3）村庄层面

结合村庄历史资源的布局梳理出重点打造的特色线路，作为村庄独有的乡村记忆轴线，与区域、聚落的轴线脉络相呼应；聚焦古建筑群及具有代表性的开敞空间，作为塑造村庄符号的示范点。基于以上，设计的核心内容聚焦于可量化的点状、线形空间，利于后期详细设计的开展。

3. 思维总结

通过从宏观到微观的环境梳理，逐步缩小研究视野，最终聚焦于人本视角下的特色空间、历史建筑，继而提出具有针对性的设计策略。在此过程中，对环境的发掘始终是牵引设计工作展开的主线：宏观环境解读作为定性的分析，利于明确村庄未来的发展意向；中微观的环境解读，让策划业态、设计空间、改造节点更具针对性（图3-9）。

基于以上，区域的山、湖、城轴线，聚落的山、水、村轴线，村庄的历史空间脉络及节点，交汇于美丽村居设计中。

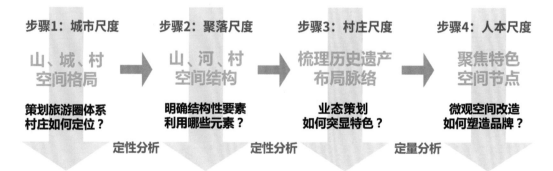

图 3-9 环境剖析思维线路

3.3 理念解析

"设计"这个词汇，常与"理念"相伴，而"设计理念"也往往成为判断设计师视野与能力的常用标准，可见"理念"之于"设计"的重要性。成功的设计，无不具备引人瞩目的理念，将它视为设计的灵魂也不为过（图3-10）。

图 3-10　空间特征明显的城市设计（上：济南高新区；下：郑州郑东新区）

《辞海》对于"理念"解释如下：一是"看法、思想、思维活动的结果"，二是"理论，观念"。理念与观念关联，思维过程中，观念先于理念产生，即"表象及或客观事物在人脑里留下的概括形象"，上升到理性高度的观念称之为"理念"。城市设计的"理念"受到多种现实要素及技术规范、政策法规的限制，这也促使"理念"更应凸显"理"的内涵，综合平衡现实与理想，强调形式简明而寓意深刻，把控方案的总体方向。

3.3.1 明确方向

设计"理念"存在的历史，和人类学会动手设计的时间一样悠长。一座城市的诞生，一个新区的营造，甚至于一座口袋公园的设计，都脱不开背后理念的指导。这种指导也许是某种象形元素的抽象，也许是某种精神图腾的崇拜，甚至于是一段诗句中美好意象的演绎，最终落实到空间层面。

1. 引导城市空间

每一座城市的诞生都有讲究。800年前，刘秉忠奉忽必烈之命进行大都的建造，从星象、风水等利于社稷的神秘主义角度进行选址布局，通过宏大的轴线及利于管理的规整街坊组织具体空间，筑成人类城建史上最伟大的都市之一；100年前，霍华德提出"田园城市"的发展理念，构想了一种农林环绕、绿地镶嵌、生态宜居且自给自足的乌托邦似的城市模型，其内涵则是面对亟需解决的城市问题的生产、生活方式的转型，并通过城市功能分区的量化进行详尽解读，为今后的现代主义城市提供了范式与原型；60年前，现代主义大师勒·柯布西耶在着手印度昌迪加尔新城设计时，以"人体"寓意这个古国新城的功能构成，并通过体现地域性的规模化组团予以落实，成为现代主义城市的经典之作。而今，随着一座座具备突出形象的新城、新区的诞生，设计理念的指导性愈显突出。

自古及今，由主观上升至理性并进一步落实的经典案例不胜枚举。在日常生活中，由鲜明的设计理念指导形成的城市空间无处不在（图3-11）。

图3-11 设计理念鲜明的城市空间（左：济南泉城广场；右：山东省博物馆）

2. 凸显环境特质

讲究的城市空间源于"有灵魂"的设计理念，其首要条件即是环境特质。快节奏的设计过程导致设计师很难放慢脚步思考设计理念的地域性，从而导致大量城市目标趋同、功能重复、产业同构、形象单一，甚至反映为"千城一面"。在实践中可以发现，尽管"现状解读"是城市设计的第一环节，但设计师往往只是将现状环境中存在的"刚性"问题予以提炼，并围绕它们建立一系列应对策略，却没有将环境特征转化为空间设计的特色要素。尤其是对于尺度规模较大的城市设计，设计师往往热衷于"大手笔"，将设计重点聚焦于空间结构、城市肌理等要素，却忽视了环境特征在场所空间中的体现。实际上，将环境特征抽象为某种鲜明的设计语言，是最利于公众日常生活感知的（图 3-12）。

图 3-12　不同环境特质的滨水空间（左：济南黑虎泉；右：济南大辛河）

3.3.2　感性向理性的转化

设计师通过前期剖析，形成对任务的主观认知与预判，可称为"观念"，进而结合技术规范等理性因素，生成指导方案设计的"理念"。但在感性向理性转换的过程中，设计师常会遇到以下问题：

①理念被赋予过于浓厚的艺术色彩，理性不足而感性有余，给人以"假大空"的感受。

②理念在落地过程中，失去原有的标志性，变得不伦不类，象形逻辑下产生的理念尤为如此。

③设计师总是希望理念能够解决所有问题，导致理念包罗万象，丧失了核心针对性。

这些问题的形成在于设计师难以从复杂的环境中找到理念的切入点，明确方案的方向。当一个理念过于复杂或"无所不能"的时候，它就失去了自身的意义，也偏离了问题导向的初衷。下面将通过竞赛案例，探讨由抽象图形出发的理念解析过程。

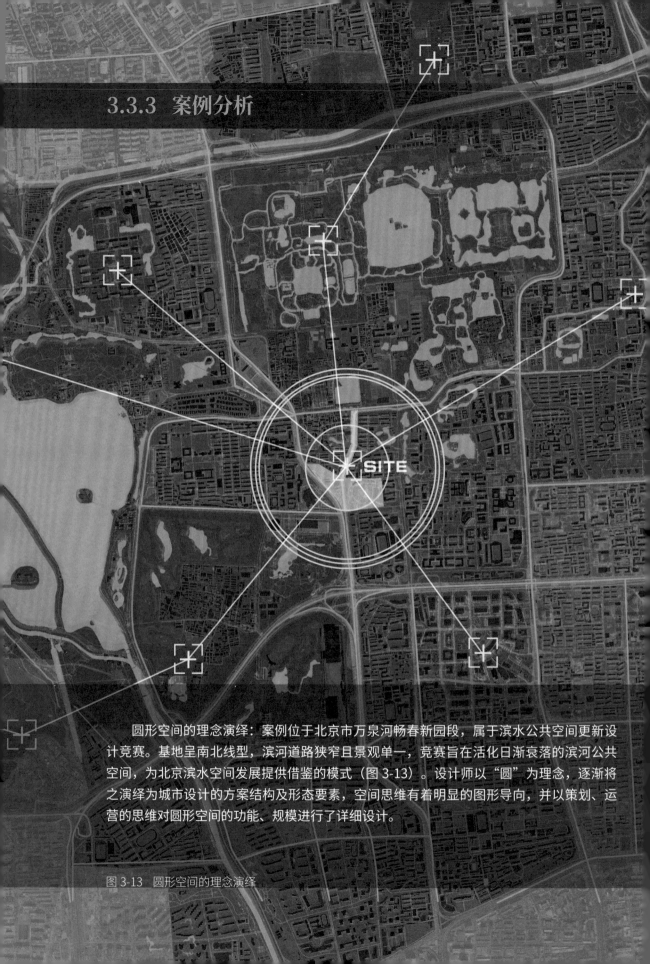

圆形空间的理念演绎：案例位于北京市万泉河畅春新园段，属于滨水公共空间更新设计竞赛。基地呈南北线型，滨河道路狭窄且景观单一，竞赛旨在活化日渐衰落的滨河公共空间，为北京滨水空间发展提供借鉴的模式（图 3-13）。设计师以"圆"为理念，逐渐将之演绎为城市设计的方案结构及形态要素，空间思维有着明显的图形导向，并以策划、运营的思维对圆形空间的功能、规模进行了详细设计。

图 3-13　圆形空间的理念演绎

1. 溯"源"

有"万泉之源"美称的万泉河贯穿基地，周边著名学府聚集，紧邻圆明园等名胜古迹，自然、人文资源丰富。经过环境解析，"源"的意象由此出现。如何用简明的元素反映"源"的意象，形成方案的标志符号，焕发街道的活力"源泉"，成为理念阶段的重点（图3-14）。

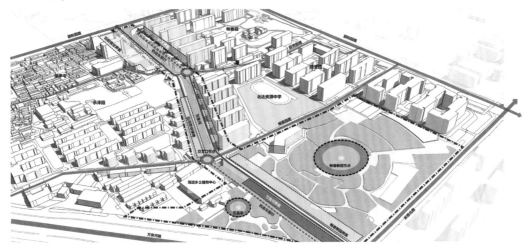

图 3-14　圆形要素构成整体空间

2. 诉"圆"

选择圆形作为理念深化的图形载体，主要基于以下考虑：

①文字角度，"圆"不仅形象简明、易于量化，而且具备"循环、圆满"等寓意。

②象形角度，"圆"的形态与喷涌而出的泉水相仿，符合万泉河"万泉之源"的整体意象。

③技术角度，"圆"能够衍生出椭圆、漏斗、锥形等形体，可量化为多种模数，便于使用。

从适合独坐静思的私密型场所，到承载群体健身休憩的向心型公共空间，甚至到串联周边景观资源的结构型元素，不同尺度的圆发挥着不同的作用，可分别运用于"设施、空间、体系"三个层级中（图3-15）。

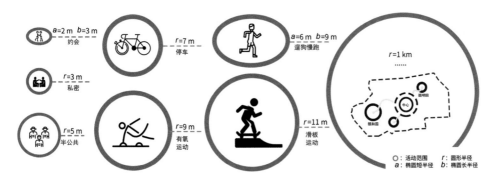

图 3-15　不同尺度的圆形空间策划

1）10 km 尺度范围：圆形构建滨水体系

当圆的半径大于 1 km 时，形体的植入实际上是在建立一个城市片区层面的滨水体系，从片区的层面串联福海、昆明湖、北大未名湖等散布于基地周边的点状水资源。竞赛并未要求区域层面的设计，但设计师有必要对城市滨水体系加以考虑，而圆形恰好可转换成为半开放的环形结构，串联周边众多资源，海淀区的"蓝色指环"概念顺势而生（图 3-16）。畅春新园段作为构成指环的示范段，则通过公共空间将"圆"进一步演绎（图 3-17）。

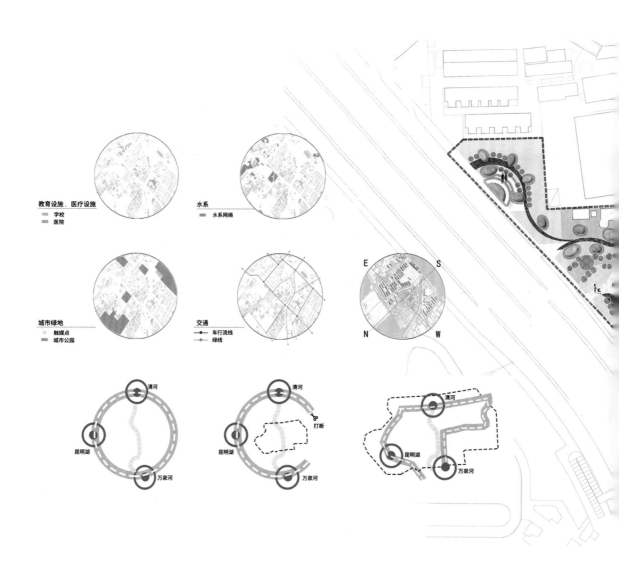

图 3-16　宏观尺度下的圆形滨水结构

2）1km尺度范围：圆形激活街区空间

在街区的尺度下，圆作为空间形态展示出更多的优势：

①圆的形态生动轻盈，有利于组织灵活的空间体系（图3-18）。

②圆形空间向心性强，可结合高差处理打造层层过渡的功能空间（图3-19）。

③从设计竞赛要求考虑，通过调整圆的平面形态，产生同心圆、椭圆等不同几何图形，使方案的表达效果更多元，且具备符号性。

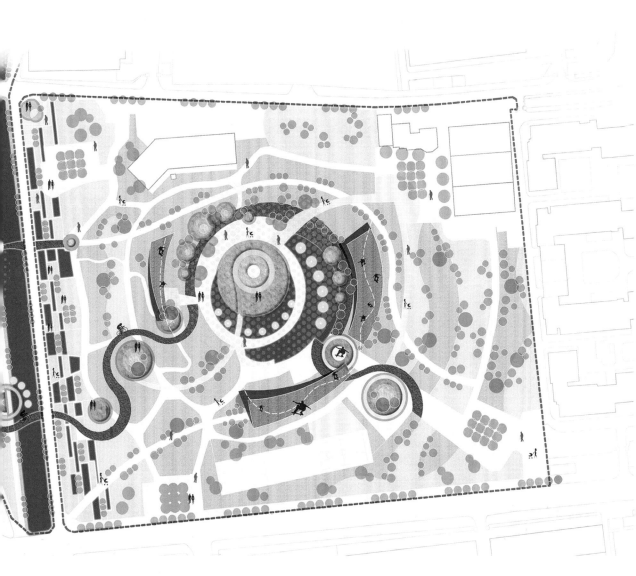

图3-17 设计方案总图

A. 景观流线组织　　　　　　　B. 交通流线组织　　　　　　　C. 汇水流线组织

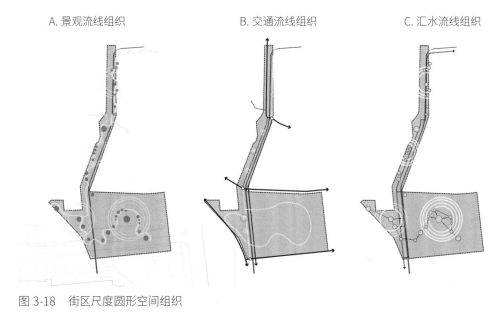

图 3-18　街区尺度圆形空间组织

圆形停车空间

圆形活动空间

图 3-19　场所尺度圆形空间演变

3）10 m 尺度范围：圆形构筑场所节点

在微观层面，设计师利用圆形灵活的模数变化及其强烈的符号性，以策划的思维将其具体化为多种功能的智慧单元，满足不同场所功能需求，结合基地的空间特征生成智慧单元的具体形态；以运营的思维，结合前期问卷体现的居民诉求，对智慧单元的功能、形态进行筛选、落位，强化理念的实用性（图 3-20）。在这一阶段，通过矢量图形完成了抽象理念与具体空间的衔接。圆形不仅成为了本方案的符号，也具备了实用功能。

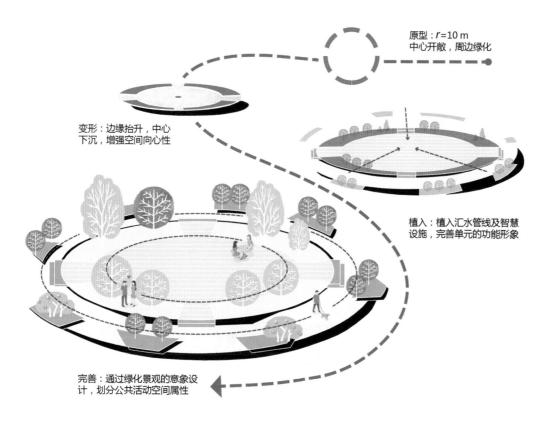

图 3-20 智慧单元构想演变

3. 思维总结

设计师想要从大量竞赛团队中脱颖而出，必须选择一种鲜明的形象作为理念诠释设计思路，图形导向的思维能够应对这一诉求。但相较于艺术类设计，城市设计的图形导向源于对空间环境的深度解析，以及对于公众诉求的理解。这些信息最终被提取为指向明确的问题，并通过形态鲜明的空间策略解决（图3-21）。

图 3-21 理念解析思维线路

3.4 构思推析

在构思推析阶段，设计师将感性的触动转化为空间要素（道路、功能、建筑形体、景观结构等）的理性布局，即平常所说的"做方案"。构思推析过程即是"想理念"与"做方案"的中间环节（图3-22）。然而，由理念生成方案并非总是顺利，构思过程的"任性"和"逆袭"，有时会为设计过程带来意想不到的结果。

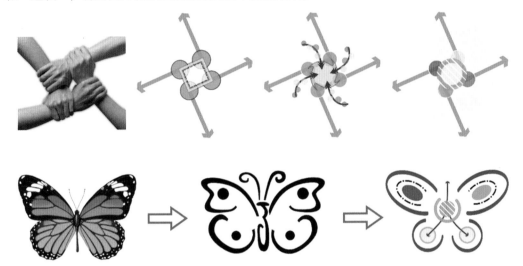

图 3-22　图形导向的设计结构推演

3.4.1 明理思路

1. 先入为主的理念

当设计师为方案植入理念时，经常会被头脑中的"象形""图腾"元素主导。例如，海滨城市总让人顺势想起棕榈叶、贝壳，科技创新园区会让人延伸想到精准的几何图形，而戈壁沙漠却让人反向联想莲花这种代表生命与纯洁的元素。这些元素如此"任性"，让设计师抛开前期解读的结论及问题的导向，也要将它们运用到手头的设计中。这是设计师思维习惯的刻板印象所致，也是图形导向思维对于方案设计深刻影响的反映（图3-23）。

2. 过程倒置的设计

在具体构思方案，勾画路网、结构甚至空间形体的阶段，方案的基础实则是前期的现状分析和功能诉求，并没有明确的理念指导。在方案基本成型后，再从中寻找一个特征突出的元素，如空间结构的形态、标志性建筑或景观的抽象符号等，将其包装成理念并前置，并以此为依据衍生各类设计策略。与其说这是一种讨巧的行为，不如将之看作一种普遍的设计思路，而这也并不为设计行业所独有。

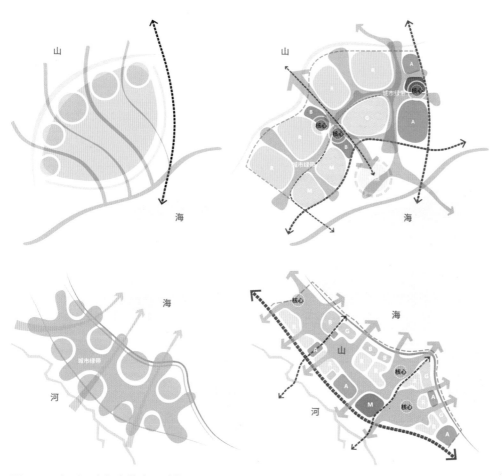

图 3-23　象形元素衍生的空间结构

3. 构思推敲的衔接

构思存在于理念与具体设计之间，其过程的反复与分析思维的多变性有关。设计师以理性的思维去构思功能布局、道路线型时，抽象的理念已在潜意识中对方案产生了影响——也许灵感只是一闪而过，埋头于标准与规范中的设计师并没有在意，其实笔下的方案已沿着灵感的方向演变。这就是构思对理念与方案的衔接意义，空间思维促使设计师不断推敲构思，使之更具特色与合理性。

①明确理念的发展方向——空间结构的模拟，群落形态的符号，或是整体风貌意象的打造。

②以全知视角对抽象理念进行多方面的解读，始终考虑环境对于方案构思的影响。

③通过多重手段模拟空间，在反复推敲的过程中甚至会衍生出更合适的设计理念，将原有构思全盘推翻。

④不必回避先入为主或逆向的分析思维，在明确的问题导向下，适当的反推思路对于理念的特色、适用性都将起到优化作用。

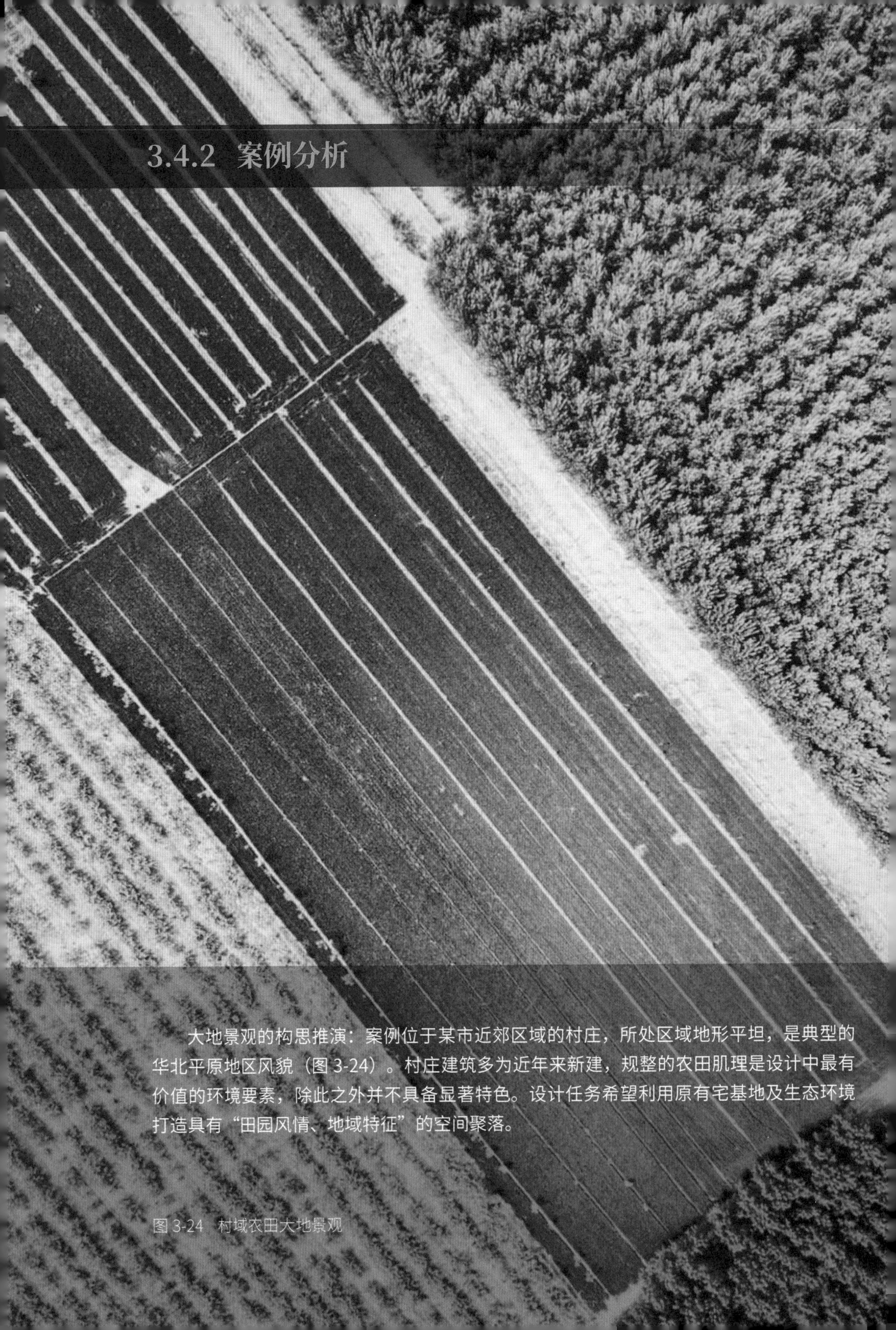

大地景观的构思推演：案例位于某市近郊区域的村庄，所处区域地形平坦，是典型的华北平原地区风貌（图 3-24）。村庄建筑多为近年来新建，规整的农田肌理是设计中最有价值的环境要素，除此之外并不具备显著特色。设计任务希望利用原有宅基地及生态环境打造具有"田园风情、地域特征"的空间聚落。

图 3-24　村域农田大地景观

1. 对于理念导向的思索

"田园生活"是理念的切入点,接下来的工作重点在于如何延伸理念,将其转化为方案布局。该阶段主要思考两个问题:

其一,何为田园生活?这取决于如何理解村庄生态、生活、生产的"三生空间"本质,主要涉及方案的业态内容。

其二,如何在一个看似寻常的环境中营造非比寻常的田园聚落?这取决于空间形态的设计和建筑群落的组合,也是此类较小尺度城市设计的重点。

2. 全知视角的推析思路

如何从抽象的"田园"词汇中逐渐推演出实体空间形态?田园不只是村庄、农田的空间布局方式,也是长久以来形成的生活方式与产业结构。

结合实地踏勘、无人机航拍等调研手段,场地尺度及周边环境特征逐渐明晰(图3-25~图3-27),从"场地、场景、场所、场事"四方面进行设计的工作思路基本成形。设计师在本阶段中的工作内容为塑造具备地域化形象特征的场所,通过产业策划为场所植入"故事",从空间、产业、生活等诸多方面搭建全知视角下的田园聚落。

图 3-26 村庄整体航拍

图 3-25 村庄整体影像

图 3-27 典型民居航拍

步骤 1 利用场地："构成"

在丰收的季节，作物与土地之间的纽带关系尤为强烈。而"根"是麦子与土地之间的纽带，也是村庄与场地之间的关系。

空间布局设计应如何留住村庄的"根"？设计师将目光聚焦于土地、村庄的整体构成形态——农田生长于泥土，而村庄被农田环绕，这种聚落的抽象形态即是田园特色的"根"，是方案空间布局结构的原型，将理念落实到空间层面。设计师从三个层级推演村庄的田园构成模式：

①整体：村庄未来由多个生活组团、农学堂构成，组团之间为农田。

②个体：组团中植入多种农村特色活动，形成有机综合体。

③单元：组团由多个院落组成，每户院落应直接毗邻农田。

在此基础上形成了空间布局平面方案，村庄的体块被拆解为若干个功能组团，围绕中部的农耕板块；每个组团又由院落和园地组成，形成未来的生活单元（图 3-28）。

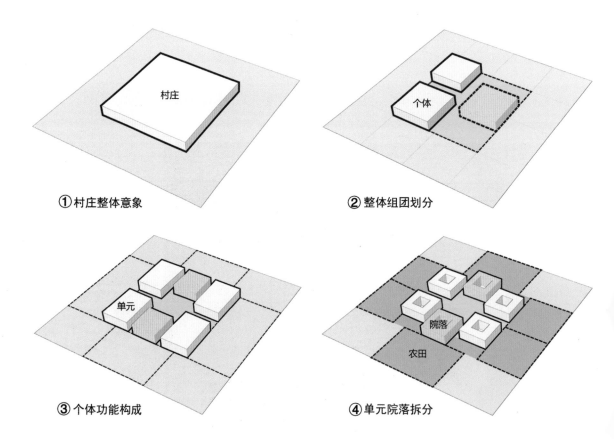

①村庄整体意象　　　　②整体组团划分

③个体功能构成　　　　④单元院落拆分

图 3-28 根植场地的田园模式推演

步骤 2 搭建场景："轮廓"

如前所述，基地所处环境既没有起伏的地形，也没有河道水系。环境特色的弱势让设计师在进行平面布局设计时面临以下问题：

①单纯的平面布局，仅能适应现有的"村—田"肌理，却难以形成独特的空间特色。

②单纯的平面布局，难以搭建村庄从大地上"生根"并"成长"的田园场景。

③单纯的平面布局，难以传达场地自身的特色，从而沦为周边普通村庄环境的附属品。

未来场景的搭建，不仅要关注脚下的土地，而且要考虑目光所及的景象。身处村庄，四周的典型景物即是麦田，风吹麦浪的动态起伏构成了村庄独特的大地景观（图 3-29）。这种乡村田园特有的意象给予了设计师启发：如果平面的布局难以从整体"平淡"的环境中脱颖而出，是否应通过院落形态的起伏，创造村庄范围内新的大地景观？带着这种思索，设计师基于平面布局的基本模式，借助实体模型展开了对建筑轮廓的推敲，希望通过手眼结合的参与体验，形成尺度合理的特色空间形态。

图 3-29 风吹麦浪的形态意象

设计师用一张纸模拟平坦的地形，在纸上刻划出粗细不一的纸条，用以表达从苗土到田垄、从庄稼到树林、从乡野到宅院等不同元素和层次的起伏，直观地呈现错落有致、充满节奏的大地肌理，希望在天空与大地之间打造"风吹麦浪"般的空间轮廓。这种意象进一步反映在屋顶、外墙等设计要素中，从而形成平凡场地中的不凡场景（图3-30）。

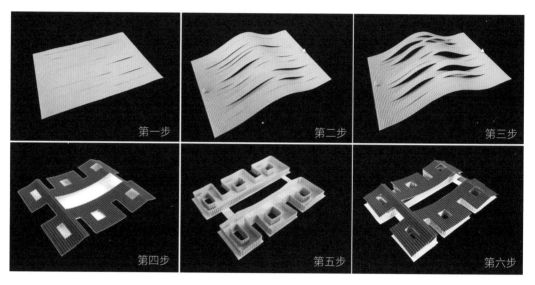

图 3-30　大地景观的实体草模推演

步骤 3　营造场所："院落"

场所是场景在精神层面的升华，设计重点是通过空间的组织，赋予场景特殊含义，使之成为独一无二的场所。麦子从地面生长，建筑群落应具备促使地面与天空对话的空间形式；同时，"风吹麦浪"的意象基本确定了建筑群落连绵大屋顶的特征，由此可基本明确建筑群的组织应符合以下要求：

①建筑之间围绕公共庭院，加强与天空的联系。

②各单体建筑设置院落，联系生活与自然。

③院落的数量、空间位置与尺度应保证整体空间轮廓的连续性。

④动静分区，形成公共功能外围、内聚的空间组织方案。

设计师在此基础上进行多方案比选，拟定了两种田园综合体建筑群的空间组织方案，提供后续实施过程中不同的空间模式选择（图3-31）。

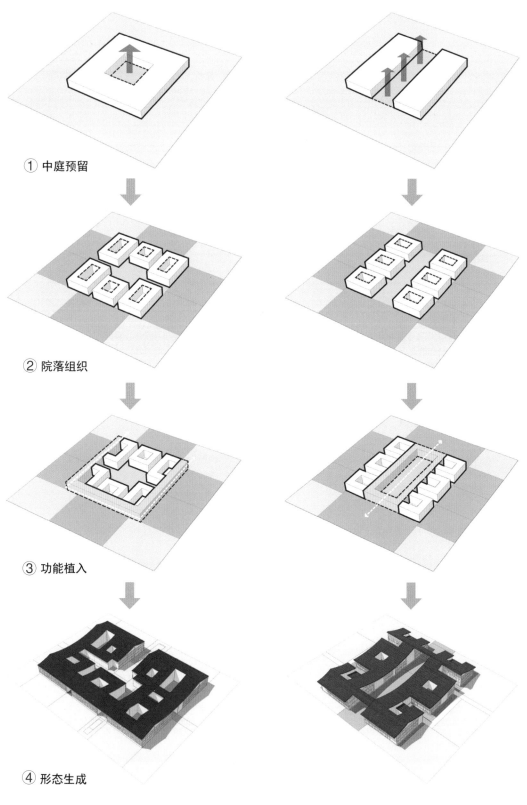

① 中庭预留

② 院落组织

③ 功能植入

④ 形态生成

图 3-31 院落空间形态推演

步骤 4　策划场事："业态"

场事是对场所相关业态活动的总括。本案所涉及的田园故事则是一系列与农事有关的活动。无论是生活生产、旅居民宿还是游憩放松，都能在场所中获得与田园内核联系密切的体验。虽然场地没有出众的景观及人文资源，但结合北方平原农业的基本耕作方式，可打造城市生活所欠缺的农业体验特色。结合前期综合体的空间形制，设计师策划了以"农学堂"为主题的田园业态模式（图 3-32）。

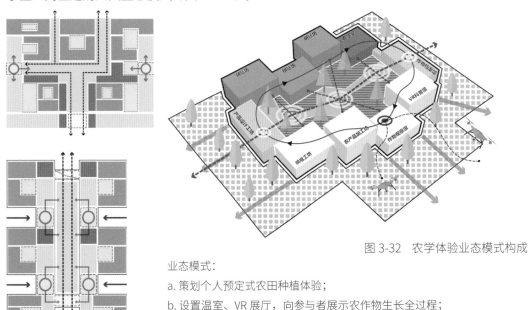

图 3-32　农学体验业态模式构成

业态模式：

a. 策划个人预定式农田种植体验；

b. 设置温室、VR 展厅，向参与者展示农作物生长全过程；

c. 通过专业农学技师指导的方式，体验全程 DIY 的食品制作。

3. 思维总结

本案的理念是抽象的词汇，但随着设计构思的深化，逐渐完成了由感性向理性的过渡。在思维推析的过程中，设计结合全知视角、实体模型等技术手段，获得较为直观的空间感知，并对理念进行了优化调整，实现了方案设计对理念构思的反馈。

通过本案可知，设计构思不仅仅依托于平面布局，更是三维空间的体验与推敲。同时，构思推析的过程并非完全单向，适当的逆向思维更利于方案特色的塑造（图 3-33）。

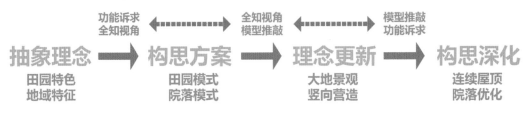

图 3-33　构思推析思维线路

3.5 方案分析

本节所讲的方案分析，最接近前文分析的狭义定义，即是以具体方案为基础，通过图解展现特色。从传统意义上来说，这种分析图是结果导向思维下的产物。但从空间图析强调问题导向、思维过程的角度来说，方案分析又不仅仅是画几张漂亮的分析图，相对于狭义层面的分析图表达，方案分析强调双向性。

首先，面向设计师自身，方案分析阶段的内容应承接构思推析，提取方案特色的过程也是验证理念是否合理、构思是否清晰的过程，空间分析的整体思维过程在本节基本完成闭环。其次，面向各方诉求，方案分析阶段的内容必须简洁清晰，避免为了炫酷而炫技。不同类型的设计，应向使用者展示下一步如何落实实施导控，有明确的量化内容。

因此，空间图析视角下的方案分析应具备三种特征：叙事路线、少即是多、量化表现。

3.5.1 明示方案

1. 叙事路线：串联故事线

一个吸引人的方案，不是图文说明的简单堆砌，而应像讲故事一样娓娓道来。方案分析是整个故事中的高潮，也是以图示的形式集中体现方案构思过程的环节。前期环境剖析、理念解析、构思推析中的结论与要点，在本环节中，应以简明易读的形式做出回应。

回应1，环境剖析：该阶段基本定性了设计方案需要解决的核心问题及需要凸显的主要特色，作为方案分析的铺垫与基调。

回应2，理念解析：该阶段确定的理念，一般情况下都会抽象成为某种形制，与方案结构或某些标志性要素相对应，其生成过程在此不作详述，但形制的特点应随着方案分析的展开不断加深，突出形象。

回应3，构思推析：该阶段往往是理念的优化与细化。尽管设计师自身构思的梳理未必都需要形成最终展示成果，但方案推敲的核心环节应当以抽象图解的形式，阐明理念是如何在各方面引领方案设计的。

2. 少即是多：一图一事，寻找最优解

实际的城市设计解读分析不宜追求复杂，相对于酷炫的图面，提炼核心问题并分类击破，更利于表达和使用。

遵循"一图一事"原则，结合任务类型及使用者诉求，将方案化整为零，以组图的形式分别阐明每类设计要素的特点，以及该设计要素与构思理念的关系（表3-1）：如何用少量元素表现核心特色？设计元素是否能抽象为鲜明的形体？如何形成方案的标志？

表 3-1 方案分析要素分类

要素	主题	内容	形式
功能类	业态	用地功能布局、建筑功能分布等图解	基于方案总平面图或体块模型，一图一事，简化图面要素，与空间量化内容结合分析
	交通	车行与停车、步行流线、地下空间等图解	
空间类	结构	包括空间、景观等与理念相关的结构图解	
	区划	包括高度、强度、开敞度在内的分区图解	
	场所	基于鸟瞰或真实视野的节点场景分析图解	基于真实视野照片或场景模型分析，与空间量化内容结合分析
管控类	图则	空间量化、控制线表达、节点导则等图解	

3. 量化表现：分类数据可视化

方案分析阶段的量化内容往往容易被忽略，其主要由两部分组成：其一，传统意义上的"技术经济指标"，往往配合方案总平面图等技术图纸，是汇总性成果展示；其二，针对不同设计内容的量化图解，旨在阐明设计师对于各类空间要素的面积、体积、长度等内容的导控，表现形式较为多样，也是空间图析思维下的量化方式。

方案分析应通过拆解、量化的形式，以多种简明易读的数据展示方案的可操作性，尤其对于形态感较强的设计理念，应通过数据描述理念产生的"量"（表3-2）。

表3-2　方案量化内容分类

量化对象	类别	内容
功能类	抽象概念	理念中包含的核心元素是否有具体的数量?
	具体形态	理念所抽象的形态体量是否能用数据度量?
空间类	布局	各类凸显理念、对接管控的可度量空间,如绿地空间数量、规模
	要素	对应实体空间的要素内容的度量,如绿地空间能容纳的休憩人流规模
实体类	节点	重要节点(建筑、空间)的形态、内容量化及大概成本
	流线	重点交通线、水系等空间廊道的长度量化及大概成本

第一步,将基地形态抽象为易于感知的几何图形,并明确最有价值界面的位置、长度,作为进一步阐释设计理念的基础。

第二步,简示植入绿廊的位置,以及绿化界面的长度,由此阐明绿廊理念对于景观环境提升的意义。

第三步,简示植入配套设施的位置、规模及服务半径,丰富景观绿廊的实用功能,阐释生活圈的理念。

最终,以点、线、面元素解析方案主体结构,简示绿廊、设施点、生活圈对于街区地块的组织,明确各地块、设施点的规模、空间关系(图3-34)。

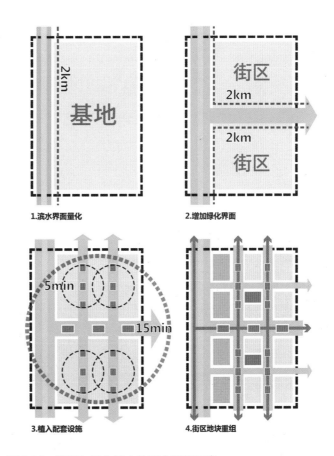

图 3-34　简明与量化结合的理念解析示意

文脉导向的叙事表达：济南钢铁厂作为城市钢铁时代的龙头企业，自 1958 年建设至 2019 年搬迁，走完了 60 余年的历程，而厂区核心区原址将保留以 1500 高塔为主的工业遗址，其余部分改造为城市体育公园（图 3-35）。

由于部分工业建筑及构筑物被拆除，设计的改造任务较少，主要内容是围绕保留高塔进行业态、空间的重构。因此，方案分析的重点在于站在城市设计角度考虑建筑改造及景观设计方式——对于偏重微观设计内容的城市更新，城市设计师应表达什么？

图 3-35 济南钢铁厂低空图景

1. 用方案分析回应各方诉求

　　基地整体功能定位为城市主题公园，本次设计以体育休闲为题，旨在为所在片区甚至整个城市提供休闲运动的新去处。梳理各方诉求，除主题功能以外，公园需利用保留的3200高塔进行功能业态的更新，发挥工业遗存的特色优势，并体现于方案设计中（图 3-36、表 3-3）。

图 3-36 概念设计总图

表 3-3　多方诉求与方案应对

	诉求	方案应对
城市层面	打造城市开放空间	以开放绿廊贯通城市与公园所在地块，并于各街角设置口袋公园及地下空间步行入口
	工业遗存有效利用	3200 高塔所在区域作为工业体验区，并结合高塔改造进行了详细的空间、业态策划
	产生社会文化价值	结合工业遗存改造及策划，创造城市层面的体育、文化新地标
委托者层面	体育公园业态组织	结合业主诉求，细分商业、工业体验、体育休闲功能
	地下空间组织利用	通过环形交通体系串联地面工业体验、体育休闲及周边商业功能
		结合街头口袋公园、体育公园中的场地，通过环形体系组织垂直交通
	具备场所可识别性	打造以 1958 运动环与 3200 高塔为标记的场地特色符号

2. 用结构要素串联方案分析

此次任务的设计内容较为微观，且每一项设计内容都需有所量化。如果将这些内容平铺直叙，必然会落入主次不分的境地，设计师希望用一条明确的线路将设计内容串联，使分析具有故事性，这一叙事线路必须在方案中有"形"的体现，是委托方看得见摸得着的空间实体，而非仅仅是一种虚无的概念。

经过调研可知，厂区工艺线路的完善与建设发展历程相吻合，共同体现为钢铁厂与周边城市空间耦合发展的脉络。这条看不到的环线反而突破了空间的限制，能够被抽象为城市设计的空间结构，后期的方案解读分析也围绕这条环线开展（图 3-37）。

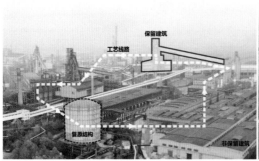

图 3-37　环线的抽象提取

3. 以"环"为线，展开叙事

"环"不仅是方案特色空间要素之一，也是基于环境剖析、理念解析及方案构思推析下的结构性产物（图3-38），在分析过程中有承上启下的作用，并具备以下三个特征：

①符号：工业印记环。

空间设计对于形态结构的凝练和表达重在传承，其工艺流线可抽象为形态明确的环，以此作为未来体育公园的结构，保留了文脉的意义。

②量化：1958运动环。

"1958"不仅是钢铁厂的建厂时间，而且是可量化的形态长度。将数字直观地反映为健身步道的长度，作为环线体系中的形态标志，不仅呼应原有的工艺流线，串联地面功能板块，而且给人留下了简明深刻的印象。

③组织：串联核心设计内容。

设计中回应多方诉求的核心内容都与这一形态有直接空间关系，强化了分析的故事性：

回应1：公园的城市性——公园与城市对接的空间廊道于环线会聚。

回应2：工业遗存与主题功能——环线串联公园内主题分区及工业遗存节点。

回应3：垂直交通——环线体系通过1958运动环沟通了地面、地下交通。

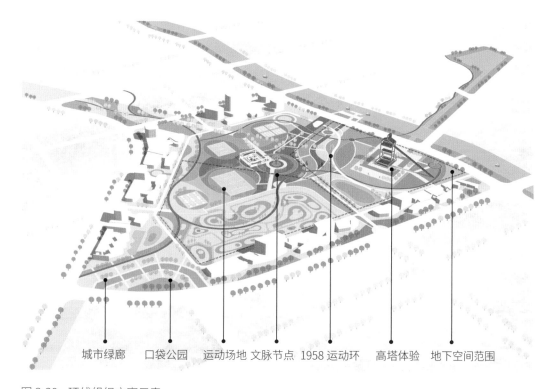

城市绿廊　口袋公园　运动场地　文脉节点　1958运动环　高塔体验　地下空间范围

图3-38　环线组织方案元素

步骤 1　生成：简述方案来由，展现核心内容

　　选择"环"作为叙事线路后，首先要明确该元素在方案中的地位，思考它是如何架构起整体方案的，而其他结构要素与它的关系又是什么。

　　从分析表达角度看，这一步主要展示了方案结构的生成过程，并将之拆解为绿廊、环线、功能板块，回应了体育公园如何与城市空间对接、园区功能如何组织的诉求（图3-39）。

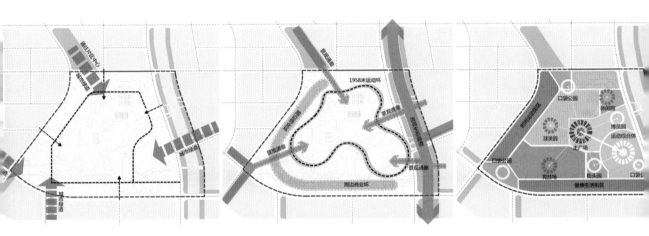

①公园空间对接外部城市绿廊　　　　②植入核心运动环　　　　③功能板块划分与节点布局

图3-39　环线的结构生成

步骤 2　拆解：环线体系量化，强化主线理念

　　在基本感知到环形的由来及方案结构后，委托者更想了解的是数据。环线体系能为街区带来多少可量化的体育空间？需要多少道路交通系统的支撑？这是方案分析阶段需要明确表述的，只有在将此类指标性问题解决后，才能进一步展示对空间、业态、文脉的考虑。

　　从表达角度，该阶段的量化内容依然基于对方案结构的拆解，并引发下一步的重点内容解读。因此，设计师从运动步道、地面交通、地下交通3个层面对环线体系进行量化，并引入相关设计内容的分析（图3-40）。

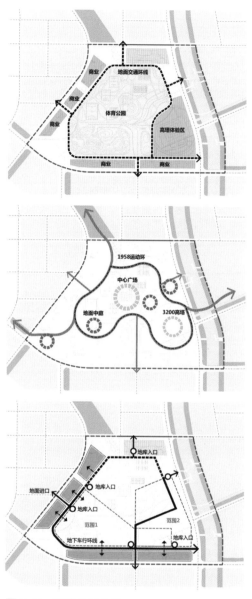

图 3-40　环线体系分析

2200 m 的地面车行环。

意义：回应诉求、承上启下。

地面交通线路是方案的支撑体系之一，其长度及线型涉及未来建设成本，是委托者关心的问题。同时，地面环线划分了公园、高塔体验和周边商业板块，在此环节清晰地展示这种分区组织，能够为下一步介绍分区功能策划做铺垫。

1958 运动环。

意义：量化理念、承上启下。

1958 对于工业遗存有特殊的历史意义，将这个数字转化为可度量的主体功能元素，形成方案的标志符号。运动环串联了 3200 高塔、口袋公园及若干内部绿化节点，均为下一步要深化解读的内容。

2400 m 地下车行环。

意义：回应诉求、承上启下。

地下空间的功能组织是委托方的关注重点，也是下一步值得详细展示的方案内容，有必要将地下环线长度明示，便于业主预判成本。同时，引出地下空间范围线及相关交通节点的布局示意，避免后续的详细分析显得突兀。

步骤 3　细化：地下空间分析，引发分支理念

在"环"的主线理念引领下，设计师对环线体系上的各类要素——地下空间、工业遗存节点等进行了拆解分析，并制定了若干分支理念，作为各类重点设计内容的分析主题。

例如，在地下空间设计中，植入了"翻转"的理念，通过具备景观开放性的垂直枢纽，组织地面、地下空间。这些枢纽包括主广场、3200 高塔及若干公园，均通过 1958 运动环串联。出于地下空间范围的不确定性，在征求项目开发运营者意愿的基础上，设计结合 1958 运动环，提出了两种地下空间范围方案（图 3-41）。

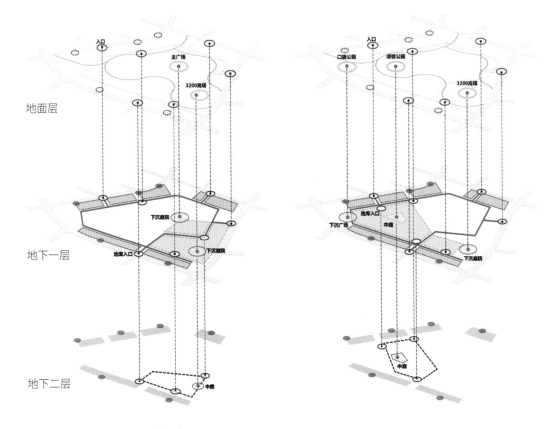

图 3-41　垂直交通组织分析

　　值得注意的是，对于此类偏重概念构思的任务，设计师在分析任何设计要素的时候都不会花费大量精力与版面去解读它们的工程细节，而是以简洁并可量化的点、线、面元素展示其空间组织形式。本案在地下空间组织分析表达中，对委托方关注并能够展示设计思路的内容进行了最大程度的简化，最终包括空间范围线、交通流线（车行＋运动环）、车行交通口、景观性垂直连通道，以及各层面交通设施的对位关系，明示各类元素的位置及数量。

步骤 4　细化：核心节点分析，社会价值补充

　　如果说功能、空间、交通的组织是方案的骨架，那么对历史文脉的发掘而产生的社会价值则能够使设计更加丰满。设计师以不同主题的社会价值为切入点，通过定性、定量结合的方式对 3200 高塔改造进行分析，从而使整个分析基调最终上升到社会的公众利益层面。该部分内容虽然不能直接反映在空间设计中，但对提升整体方案的说服力有益（图 3-42、图 3-43）。

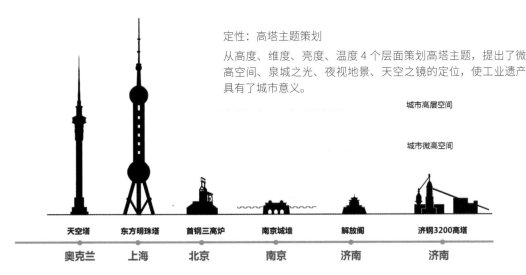

定性：高塔主题策划

从高度、维度、亮度、温度 4 个层面策划高塔主题，提出了微高空间、泉城之光、夜视地景、天空之镜的定位，使工业遗产具有了城市意义。

城市高层空间

城市微高空间

图 3-42　建筑高度对比示意

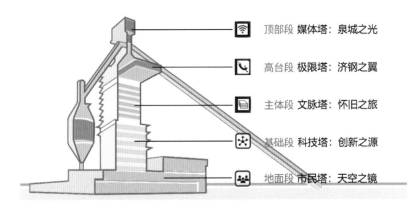

定量：分层定位功能

作为概念规划项目，没有必要对建筑的改造利用提出实施性细则，但应通过简明精确的方式将改造的功能意向、规模概算予以展示，作为对未来实施性设计提出的建议。

图 3-43　泉城之光高塔业态策划示意

4. 思维总结

　　本案例的方案分析从历史文脉中提取叙事主线，转化为可量化的空间形态，串联方案各部分设计内容，聚焦核心诉求，最终又回归社会价值的发掘，整体形成了"提炼—铺开—聚焦—升华"的分析逻辑（图 3-44）。

图 3-44　方案分析思维线路

3.6 空间导析

任何好的想法如果不能落实到现实生活中，都只能是空中楼阁。城市设计如何引导、管控空间建设，使理想化的空间意象照进现实，大概是这门学科诞生以来一直面临的问题之一。

众所周知，城市设计对三维空间的感知与把控能力，是以用地性质、功能指标为主要研究对象的法定规划所不具备的，通过城市设计的空间意象营造，反馈调整法定规划的案例也不在少数，城市设计空间营造的价值和意义由此可见（图3-45）。

然而，也正因为城市设计不属于法定规划，其理念、策略只能通过法定规划产生效力。由于研究主体、叙事特征之间的差异，在设计理念、策略向法定图则转换的过程中总是出现偏差，城市设计师对于空间美学及理念叙事的追求，使得设计成果往往停留在静止场景层面，感性有余而计划性相对欠缺，导致精心构想的空间蓝图难以落实。

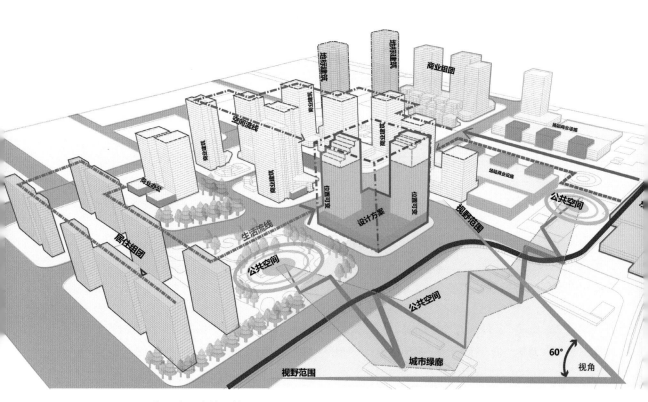

图 3-45　街区空间实施导控

3.6.1 明细计划

"规划"与"计划"共用"planning"一词,两者的核心都是对未来行为做出打算,出谋划策。而相对于规划对空间的关注,"计划"一词更强调行为主体一系列措施的层级性和实施性。城市设计过程行至实施策略制定阶段,应从实施运营角度换位思考,明细管控计划,空间分析应强调层级性、实施性、动态性。

层级性:城市设计无论规模大小,其分析对象必然是从相对宏观的区域逐渐过渡到基地自身及细节设计,在环境分析的基础上产生的设计策略同样具备层级性,管控措施的刚性由宏观到微观应逐渐降低(图3-46),强调环境、生态边界的严格管控,而对于建筑形态则应提供行为框架,不宜过于具体。

实施性:城市设计中对于形态的推敲,应作为空间结构及控制边界制定的辅助手段,而非最终结果。对于具体到街区、地块的城市设计,如果设计师过于关注具体空间形态的推敲,甚至将建筑形体、景观设计都包揽在内,那么设计往往难以转化为具备实施性的管控图则,反而会限制后期建筑、景观设计的灵感与思路。

动态性:城市设计的理念及空间转化的控制图则多基于静止、独立的视点,这种视点往往是设计师从专业角度选取的"完美视点"。以空间思维制定实施计划,要求设计师基于公众人本、动态视角选择空间视觉效果的公共性与最优解,并对视觉效果进行量化分析。

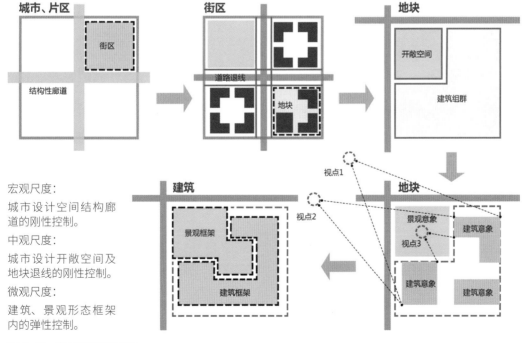

宏观尺度:
城市设计空间结构廊道的刚性控制。
中观尺度:
城市设计开敞空间及地块退线的刚性控制。
微观尺度:
建筑、景观形态框架内的弹性控制。

图3-46 多层级管控示意

空间盒子的管控探讨：西客站片区作为济南城市西部的重要功能片区，定位为"山东新门户，泉城新商埠，城市新中心"。案例位于西站东北侧，中央轴线以北，是旅客出站后的视线必经区域，也是这一门户区域的重要节点。在城市设计空间形态布局基本确定后，设计师以实施评析的空间思维，结合公众真实视野模拟、评价等方法制定了城市设计导则（图3-47）。

图 3-47 济南西客站地块空间盒子示意

1. 构建街道视觉空间盒子

传统的街道视觉分析较多关注视点与场景之间的界面空间，而忽略三维空间中的真实的视觉感受。本案所提到的"空间盒子"的概念，将真实视野下的空间视域体予以抽象，形成可见、可量化的三维体块，对盒中建筑、景观的形态、体量进行约束。作为街道空间管控评析的载体，空间盒子有以下两个特征：

其一，视觉空间盒子具有数字量化性，通过对街道中的高层建筑进行三维的空间盒子构筑，模拟分析空间盒子中高层建筑的真实可视域体，形成直观的视觉可视化分析。

其二，视觉空间盒子具有反馈调节性，依据三维视觉分析形成的视觉空间盒子的可视域体，对其进行量化分析，并反馈指导城市建设，引导合理调节高层建筑的区域排布关系。

步骤 1　推导：问题针对化、层面多元化

基地周边建成环境相对成熟，邻近城市标志性建筑。地块城市设计导则更应基于真实视野的量化，使建筑群落在满足开发强度要求的基础上，减少对周边标志性建筑及城市特色空间的影响（图 3-48）。

真实视野界面量化：结合设计条件通过计算机真实视野模拟技术，形成建筑空间布局初选方案，量化视觉评价指标。

街区空间体积量化：以街区空间盒子为载体，对真实视野评价体系筛选后的方案进行进一步评析，选择真实视野效果良好且适于街区整体风貌的方案。

地块导则体系制定：以基地空间盒子为载体，提出地块建筑形态、开敞空间、街道界面等控制内容，结合视觉评价指标，形成地块城市设计导则体系。

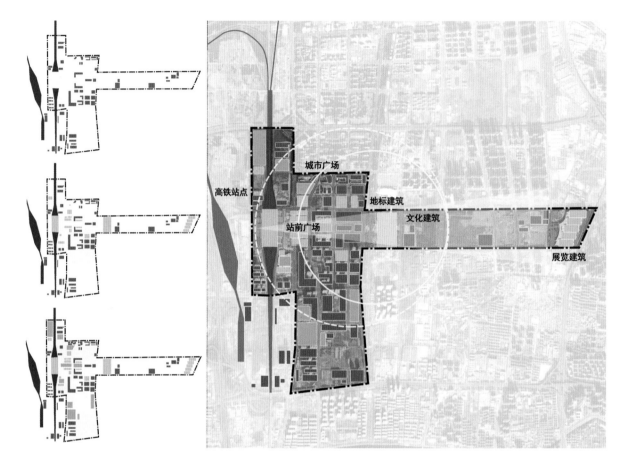

图 3-48　城市空间要素（建筑、景观）识别感知

步骤 2　街区空间盒子探讨

在街区层面，相邻高层建筑的布局会形成一定的空间边界，对街区的空间品质产生一定影响。本次研究提出空间盒子的概念，在限定条件的基础上，对现状高层建筑围合的空间视域体进行量化，进而推导地块高层建筑布局的基本形式，使街区整体空间容量分布相对均衡（图 3-49）。

结合以上限定条件，可知对周边环境可视度影响最大的因素在于方案中两座高层塔楼的布局组合方式。为方便进行可视化标准研究，将两座塔楼标准层初步拟定为面积 1200 ㎡（40 m×30 m）的矩形，排除两组反向排布的空间盒子组合，能够生成 4 种组合方式（图3-50）。

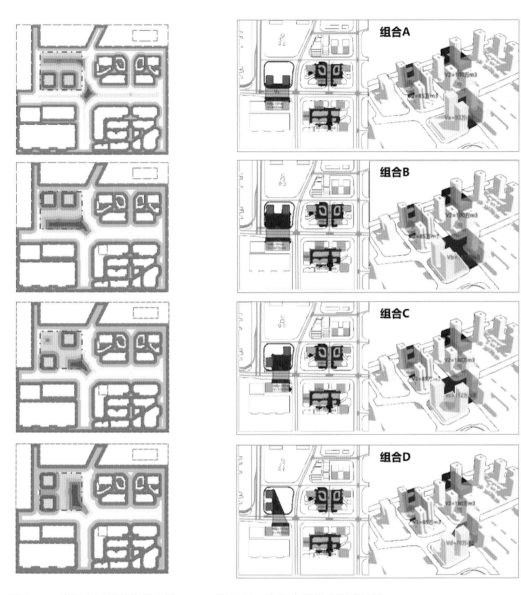

图 3-49　空间盒子视线热度分析　　　图 3-50　空间盒子组合形式分析

步骤 3　空间盒子量化评析

　　街区模拟研究首先确定分析的切入点在于地块空间对周边建成环境的适应性，其关键在于建筑形态对周边现状及地标建筑、城市特色空间的视觉影响程度。结合环境条件要求，在展开地块真实视野研究之前，设计师结合区域人流热力图选择了两处坐标点，作为建立视觉界面的基础（图 3-51）。

　　送站平台：人流主要集散地，是眺望中央轴线周边城市空间风貌的主要观览点。

　　北侧进站铁路段：旅客进站时对任务地块、标志性建筑产生第一印象的区段。

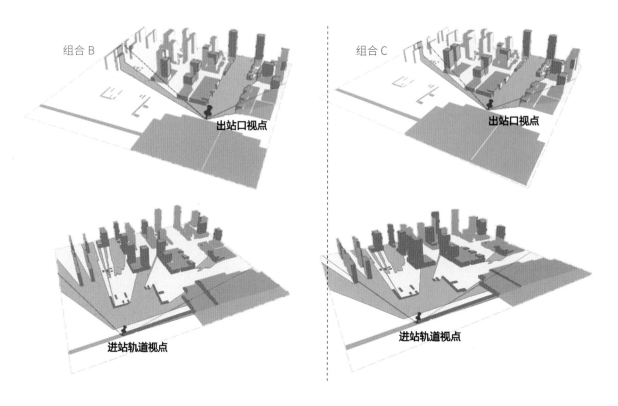

图 3-51　组合 B、组合 C 多视点眺望可视化分析

　　基于以上两处典型视点，以基地为观览主体，以地标建筑和整体界面的受影响程度为评判标准，运用数据可视化技术对组合 B 和组合 C 的建筑布局方案进行真实视野模拟，生成共计 4 种视野界面，并分别计算 2 种方案在两个视点观览中地块建筑界面和地标建筑的可视面积（表 3-4）。

表 3-4　多方案眺望视域界面量化分析

量化对象	眺望视点	地标建筑可视化率	界面可视化率	空间盒子可视域体积
组合 B	进站轨道	12.7%	36%	412683 m³
	出站平台	21%	31.2%	240407 m³
组合 C	进站轨道	21.8%	38%	457463 m³
	出站平台	21%	33.2%	331564 m³

　　在以上选出的空间布局基础上，导入 GIS 进行真实视野模拟，量化评价最优布局形式，确定了组合 C 为最优方式，进而开展下一步建筑空间管控。

步骤 4　地块空间管控评析

梳理基地所在区域环境及相关规划要求，提出依据、制约两类限定条件。依据性条件为法定规划中对本地块的设计要求，以及开发主体的诉求；制约性条件包括基地周边现实环境应满足的规范性退线、空间尺度感受及天际线要求等。

结合方案 C 构建空间盒子，作为地块详细设计的三维约束范围。盒中的空间组织如同在固定的框架里搭积木，保障城市设计的约束性，又不对建筑、景观设计师的灵感造成过多限制。

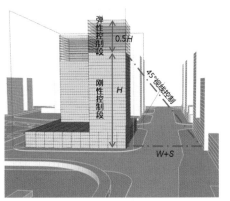

图 3-52　紧邻街道侧建筑高度控制

建筑高度协调控制（图 3-52）

沿城市道路的建筑高度（H），不得超过道路红线宽度（W）加建筑后退道路规划红线距离（S）之和。即 $H \leqslant W+S$。特大城市不得超过 1.5 倍，即 $H \leqslant 1.5$（$W+S$）。

阶梯建筑高度控制（图 3-53）

依据一定角度的斜线控制建筑高度，使建筑呈阶梯状上升或下降，以保证良好的景观视线与天际线。建筑物顶层分单元标高递增或递减，这种建筑形式可增强自由空间感，增加面积使用率，突显城市设计空间感。

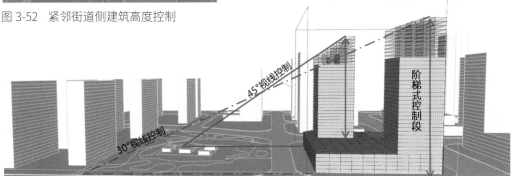

图 3-53　紧邻广场侧建筑高度控制

思维总结

城市设计导则的制定是思维由感性向理性逐渐转化的过程。本案例管控措施的制定跳出了地块建筑组群的局限，从街区层面的空间感知出发，结合公众动态观览的视觉习惯，逐渐形成可量化的空间盒子，利于后续设计在一个可约束的范围内自由发挥（图 3-54）。

图 3-54　方案分析思维线路

4 |过程分析|

从体系分解到思维整合

在论述了城市设计各环节的空间思维分析方法后，本章通过城市设计案例展示设计师运用空间思维的完整过程。同时，也将空间图析思维运用在设计中，作为对图析理论的检验，也作为本土设计师对于城市设计的思索。案例中对空间思维的运用仅代表笔者彼时所思所想，本章将尽量还原设计过程中的思维变化，与读者分享。

在具体设计过程中，设计师的思维受制于现状环境、地方政策与设计周期等客观因素，设计的流程并不总是一贯而终，设计师总会回头审视之前的设计过程，甚至会对既有方案进行较大调整。因此，设计过程实则难以阶段分明地划分为现状、理念、方案等环节。但这种特性反而提供了更大的探索空间，让设计师更灵活地运用空间思维解决实际问题。本章黄河岸边的城市设计中，不同专业背景的设计师对于环境、政策、建筑、景观的理解，以及由此产生的观点博弈，在空间思维的牵引下，形成了过程分析中的空间思维碰撞（图4-1）。

图4-1 济南黄河低空图景

4.1 前期思考

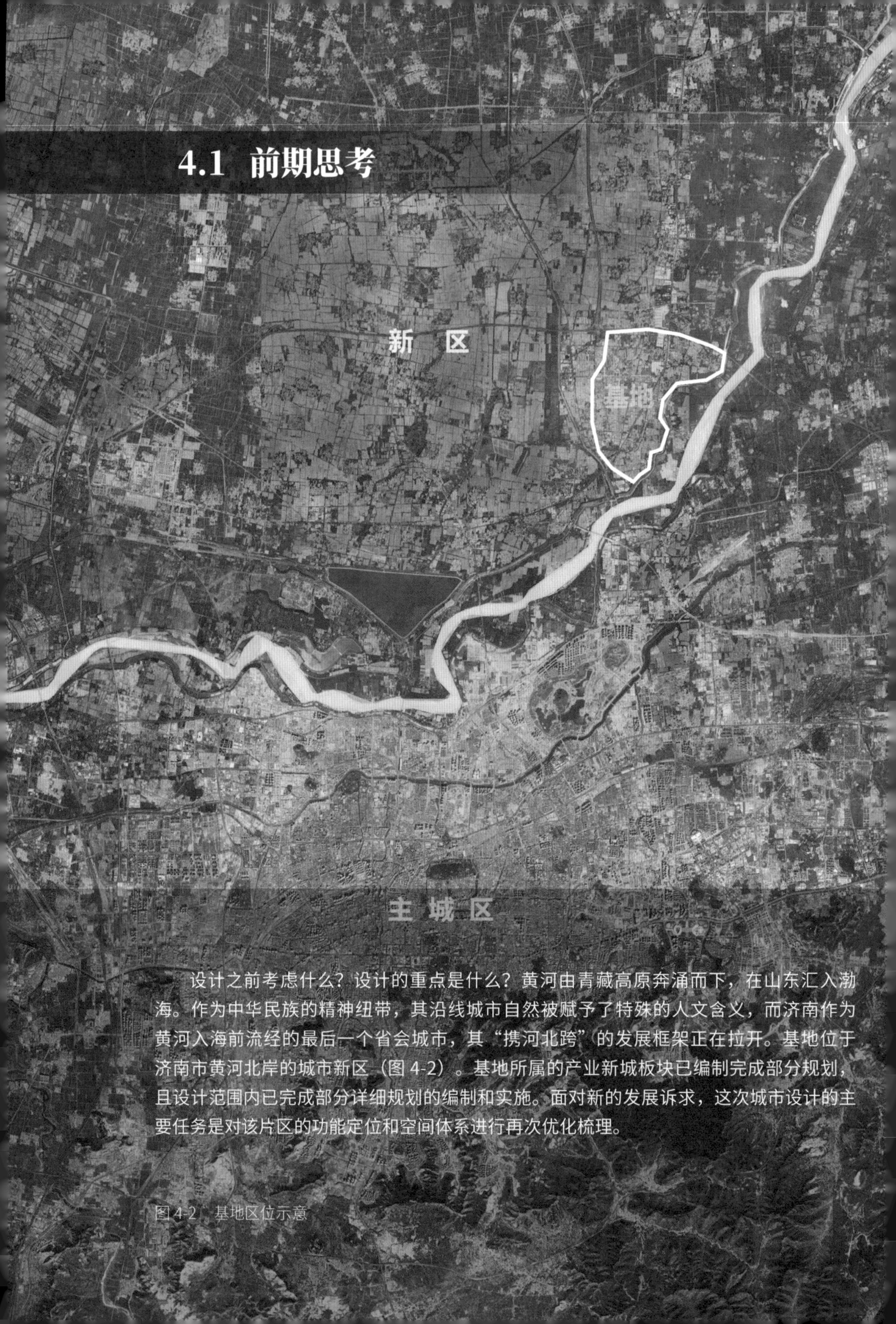

新 区

基地

主 城 区

　　设计之前考虑什么？设计的重点是什么？黄河由青藏高原奔涌而下，在山东汇入渤海。作为中华民族的精神纽带，其沿线城市自然被赋予了特殊的人文含义，而济南作为黄河入海前流经的最后一个省会城市，其"携河北跨"的发展框架正在拉开。基地位于济南市黄河北岸的城市新区（图4-2）。基地所属的产业新城板块已编制完成部分规划，且设计范围内已完成部分详细规划的编制和实施。面对新的发展诉求，这次城市设计的主要任务是对该片区的功能定位和空间体系进行再次优化梳理。

图 4-2　基地区位示意

4.1.1 设计前的思考

1. 设计工作重点是什么?

设计师开始消化任务书时,脑海中首先生成的观念并非如何解读现状或构思理念,而是设计对于设计师而言的价值所在:本次城市设计的意义是什么?这种思考的对象并非技术手段本身,却直接决定了后续的工作方法。

与较多的新区实践不同,基地范围内已编制部分规划,若干地块的规划已相对完善,典型的公共建筑也已经具备了较高的设计完成度。经统计,既有规划编制成果面积约占基地范围的 40%(图 4-3)。本次城市设计不仅要在剩余六成范围内审视功能定位和优化公共空间体系,还要对原有规划编制方案进行适度调整提升。因此,可以将任务定义为既有规划引导下的优化设计。

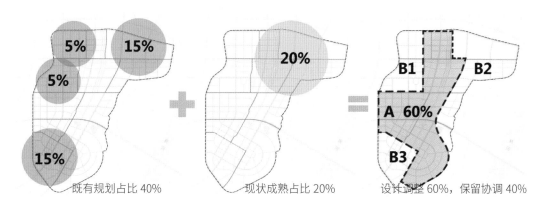

图 4-3 既有规划分析

2. 方案征集诉求是什么?

作为设计方,在既有条件的可变性较为模糊的前提下,应当在方案构思过程中探寻多种可能性,一方面便于与开发者的沟通交流,另一方面也易于最终筛选出更具特色和面向更优的实施导控方案。这是一个设计环节中的否定与提升的过程,也是概念性城市设计的必经之路。在这个过程中,设计师的分析思维演变经历了两个趋向相反的模式。

主动式思路:初期阶段,聚焦于打造令人耳目一新的城市空间特色,通过对既有方案进行结构性调整,形成相对集中的标志区域和地段。

被动式思路:随着构思的深入,对场地、既有规划的分析比重逐渐提升,方案转向以尊重既有规划、强调实施为导向,为理念寻求新的落脚点。

4.2.1 场所精神回归

在大量既有规划存在的前提下进行城市设计，需要结合现实环境，寻找具备鲜明特征的切入点，搭建空间体系框架，将现有体系和空间设计统为一体。

1. 挖掘特色

对历史环境因素的解读是方案前期剖析过程的重要环节，独特的历史文脉也成为大多数城市设计的亮点——是否要从城市历史文脉角度提取理念要素？这几乎已成为城市设计先入为主的一种程序。当基地具备丰厚的历史积淀，或包含重大历史遗存时，这种考虑尤为明显，甚至能够决定方案的整体基调。

本案最初也试图从城市宏观角度提炼片区的空间设计理念（图4-4）。然而，本片区并不具备"泉城"众所周知的"山、泉、湖、河、城"五大特色要素，也不具备历史典故可供发掘。将城市传统元素强行植入新区，未必利于文脉的"落地生根"，设计师逐渐放弃了这种理念切入方式。

图 4-4　基地与济南城市格局关系

2. 聚焦黄河

基地东侧的黄河无疑是方案中最重要的环境要素。由于防洪等强制性要求，黄河岸线几乎没有人造景观处理，却展示着强烈的自然冲击力。面对这样一条具有特殊含义的河流，城市设计师需要从更广阔的视野上考虑基地的特殊性。

黄河及相关环境给设计带来的启发主要针对生活居住、生态景观及战略定位三方面（图4-5）。在后续工作中，它们架构了城市设计的主要内容与叙事线路，这也是空间思维方法前期对环境深入解读的意义所在。

1）最长黄河居住带

结合相关规划，本片区拥有新区乃至济南沿黄河最长的居住功能带，是其他片区不具备的特征，黄河界面的打造至关重要。

2）未来的黄河公园

济南已将行政区内黄河沿线湿地、绿地统一考虑作为黄河森林、湿地公园进行打造。河流的生态景观价值将进一步被放大，需要与城市发生联动。

3）黄河的战略意义

在设计开展初期，国家将黄河流域生态保护和高质量发展列为重大国家战略，赋予了设计更高远的意义，需要通过城市空间体现。

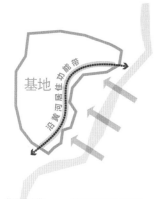
黄河居住带 ⟶ 城市设计的重点界面

黄河国家公园 ⟶ 城市设计的生态资源

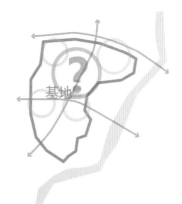
黄河的战略地位 ⟶ 定位的宏观背景

图 4-5　基于黄河的区域解读

3. 回归黄河的场所特征

以空间解析的体系划分，本阶段工作属于前期剖析，通过对基地所处自然、社会环境的解读，设计师逐步明确了理念应当聚焦于黄河本身。如何使城市与黄河产生联系，塑造依托黄河的特色城市空间结构成为下一步工作的焦点。在后续的具体设计过程中，空间思维体现出以下值得思考的特征。

1）设计价值观

不同专业的价值观深刻影响设计师的分析思维，导向的理念与方案差异显著。

2）定位的形成

定位基于对环境的宏观把握，但定位的特色则需要微观切入的协作。

3）理念与构思

理念解析与构思推析环节在实际设计中并没有明确的界线，而是交互进行。

4.2 思维演替

4.2.1 设计的价值观

城市设计综合性较强，对宏观、微观思维均有所要求。如果说城市空间结构、业态构成、交通组织等为设计搭建骨架，那么建筑、景观元素则有助于营造方案亮点，使整体方案形象更加生动丰满，具备实施性。在本案设计过程中，规划、建筑、景观设计的思维交替出现，体现出学科价值观影响下的不同特征（图4-6）。

1）规划：系统结构论

规划师面对的设计多具备公共政策属性，系统分析法、理性过程规划成为规划理论形成的两个根基。其中系统分析法认为，城镇、区域乃至整个地域环境是一个大系统，通过系统的方法对其进行分析处理，强调整体性、相关性、结构性、动态性和目的性。当规划师着手城市设计时，首先考虑的多是结构性要素。受到由上至下的系统分析思维影响，他们往往从功能、路网、空间结构入手，再对方案层层递进细化。

2）建筑：空间组合论

对于建筑师而言，"原型"在建筑设计的实践中产生了相当大的影响，建筑师的灵感及个人意志在"原型"的提取、解读及演变过程中起重要作用，基本决定其设计风格。面对城市设计，建筑师往往迅速明确一个具备鲜明形象的原型，由点带面展开空间组合。

3）景观：环境转译论

景观设计思维在城市设计方案中更像是一种催化剂，通过更加场所化、本地化的灵感与技术，将规划、建筑两种着眼点不同的思维方式糅合为一体，使方案不仅满足城市宏观层面的要求，而且能将城市特色通过细节有所体现。同时，景观思维往往受"图形"影响较大，往往将环境转换为某种具象的形态结构展开城市设计。

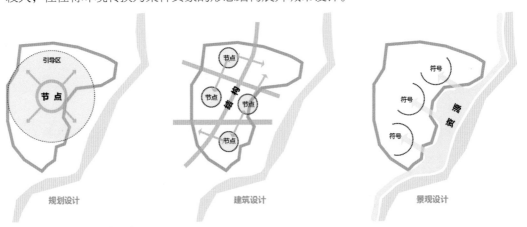

图4-6 不同价值观的理念切入

4.2.2　换位思考定位

　　虽然作为解决问题的不同手段，不同的价值观彼此之间并无高下对错之分，但作为分析思维的决定性因素却值得注意。尤其对于城市设计初期的项目定位研判，规划、建筑等切入点选取的不同直接决定了方案发展方向的差异，彼此之间的换位思考更利于在完整的设计框架内体现各专业空间思维的特色。

1. 协作定位

　　规划师在多方协作的任务中担任制定结构的角色，也更善于从宏观角度考虑目标发展的定位。然而，由宏观环境引发的思考大多无法与空间落位直接关联，高高在上的定位需要相对微观的切入点才能更接地气。因此，规划师更需要从多方诉求之间寻找平衡点，不仅从体系层面考虑问题，还要从建筑、景观师的视角换位思考，将后者思维模式下的亮点放在体系中的合适位置，形成相对折中的发展定位（图 4-7）。

图 4-7　协作思维推导目标定位

2. 思维纺锤

　　随着设计的过程与目标定位研究同步进行，设计思维也发生着潜移默化的改变。毗邻黄河的大环境促使设计师将切入点聚焦于"滨水"，在此引导下的理念解析与构思推析始终处于博弈状态，不同专业背景的设计师试着从多角度审视方案理念、构思，反思方案对于现实环境的考虑。重新审视这段过程，可以将设计思维的变化抽象为"纺锤"形状，设计师的关注点由局部到全局，最终又落位于某种具体要素（图 4-8）。

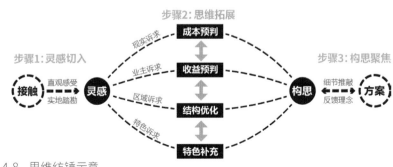

图 4-8　思维纺锤示意

4.2.3 空间结构演进

在确定以"黄河"作为构思的出发点后，理念的构想自然而然与水有关。设计师将基地抽象为简明的矩形，探讨城市与黄河的空间关系，形成清晰的方案结构。

1. 聚焦城市之岛

此阶段的理念构思主要是结合环境植入某种要素，它必须与"河"相关，且形态鲜明。"岛"的形象不仅边界清晰，而且具备向心性，易于成为区域空间的焦点，成为设计开展的切入点（图4-9）。

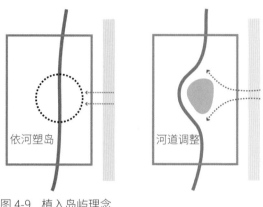

图4-9 植入岛屿理念

结合现状剖析及既有规划，城市内部有南北贯通的河道，需要将河道弯曲才能形成明确的岛屿形态。从空间角度，岛屿区域将成为新区展示形象的门户，河道线型的调整增加了城市滨水界面的长度；从战略角度，如果这个故事可以顺利地讲下去，新区或会成为黄河入海前的"城市岛屿"；然而从实施角度，这种策略成本相对较大。

2. 反思整体结构

结合岛屿理念，设计师从以下方面思考如何进一步增强岛屿、新区、黄河之间的互动：

①岛屿功能："岛屿"如何与既有功能匹配？

②沿黄界面：基地内部南北向河道与东侧黄河之间为狭长的居住带，应如何打造？

③城市轴线：基地内部南北功能反差较大，如何联系并形成城市界面？

以上问题促使设计师以岛屿为切入点，思考区域整体空间结构（图4-10）。

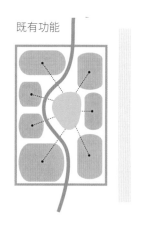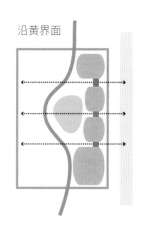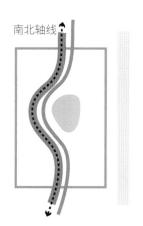

图 4-10　整体空间结构推导
由点到面考虑黄河界面、城市功能板块等因素的影响

3. 构想"黄河之舟"

岛的理念扩展,延伸出更多与黄河有关的元素,逐渐演替为另一种理念原型(图4-11)。

1)方案修正：河道改线

方案初期构思的核心岛将成为众多绿岛中的一部分,河道的改线不再是塑造岛屿边界的必要条件,通过绿地限定边界的方式具有可替代性。

2)延伸之一：沿黄绿洲与生态缆绳

为了利用黄河沿线的郊野公园,考虑建立东西向楔形绿地,将沿河居住功能带分解为多个居住绿洲,如同缆绳一样与黄河产生空间联系。

3)延伸之二：城市甲板

将既有规划中沿河公共功能集中布局,形成联系南北板块的轴带,承载博览、产业、居住所需配套设施。如果新区如同一艘泊岸待发的船,这条轴带就是甲板。

4)延伸之三：黄河灯塔

结合城市甲板的思路,植入黄河灯塔的概念,作为城市的地标节点,为后期引入更多地方特色元素寻找切入点。

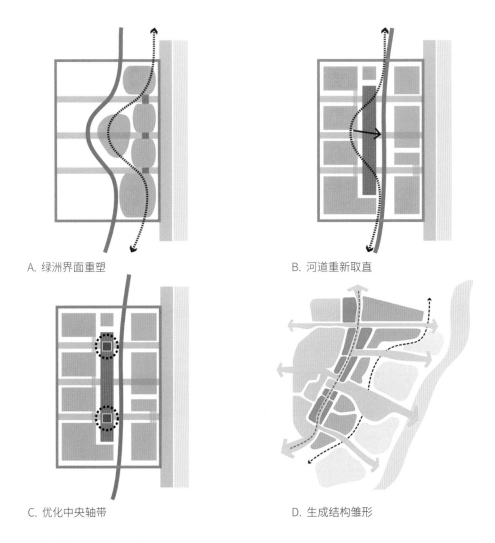

A. 绿洲界面重塑　　　　　　　　　　　　　　B. 河道重新取直

C. 优化中央轴带　　　　　　　　　　　　　　D. 生成结构雏形

图 4-11　城市设计空间结构生成

　　经过以上构思推析，基本明确了方案主体结构由灯塔、甲板、缆绳、绿洲构成，方案
初期所形成的"岛"逐渐演替为"黄河之舟"，空间思维也由点延伸至面。

4.2.4　地域特征提取

城市的特色体现于结构与场所。前者较为宏观，日常生活中或许难以察觉，也许只有专业人士才能体会到功能板块、景观体系、交通系统之间的契合与内涵；场所依附于日常生活，又潜移默化地影响着人们的生活方式，是城市特色的主要载体。随着方案的深化，设计的空间思维由面再次聚焦到点，试图通过场所空间体现区域特色。

1. 景观聚焦：黄河绿洲

黄河沿线沙丘状的地形地貌从景观层面体现了当地黄河特征。如果说城市设计的整体结构限定了景观系统的功能主题、形态轮廓，那么在本阶段则应当考虑如何将"沙丘"形态植入结构。

景观设计的思维在此起主要作用，其视角也相应扩展到区域层面。地域性的景观设计应能够对当地气候环境做出积极应对，是一种动态、生态的"可防御"性景观系统。结合现状调研阶段的航拍图片及形态设计，设计师推演出由"绿洲" 组成的楔形绿地体系（图4-12、图4-13 ）。

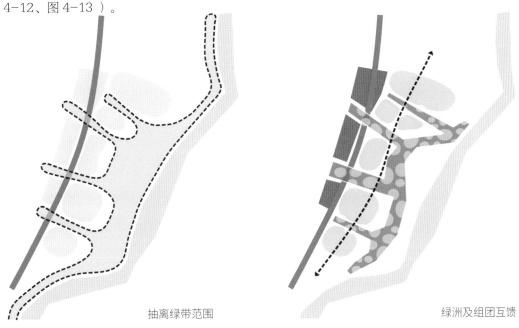

抽离绿带范围　　　　　　　　　　　　　　　　　　绿洲及组团互馈

图 4-12　黄河绿洲景观理念生成

抽离设计：首先将楔形绿地结构抽离出，将沿黄河的绿带与基地内部功能组团作为整体考虑，以图底关系的形式推敲空间组织。
双向反馈：与周边组团空间的对接是一个双向互馈的过程，结合绿洲的分布，微调周边居住、商业组团的开敞空间廊道位置，同时也对绿洲形态进行优化。

图 4-13　黄河岸边的沙洲

2. 空间聚焦：城市特色

当一个新区的既有人文环境与老城的联系不甚明显时，体现城市特色的方式是否必须从空间结构层面强行嫁接？济南的新区是否就一定要体现"山、泉、湖、河、城"？随着设计的深入，在理念解析阶段被暂时搁置的空间特色问题又浮出水面。

对于特色空间的塑造，规划师容易陷入思维定势，认为体现城市特色必须要从宏观结构入手。而城市空间的使用者却不易感知规划师理想化的宏观愿景。在宏观层面过久地停留之后，以相对微观的角度重新审视基地的自然人文环境，反而更容易找到切入点（图4-14）。

图 4-14　城市特色提取的思维线路

122

1）微观符号提取

设计师跳出"城市空间"去发掘地域特色时，获得了更广泛的灵感来源。这个城市不仅有泉水，还有依水而生的众多具有鲜明形态特征的植物。对荷、柳等植物的形态、纹理进行抽象而得到的图形，成为方案中大量标志性空间及建筑形态的原型（图4-15）。

2）特色信息传达

特色的提取并不局限于一门心思钻研空间形态。城市设计的内容已经趋于综合多元，对于重要空间节点的铺装、建筑形态、立面构成，甚至重要街区、标志性建筑的命名，都是直观传达城市特色的形式。

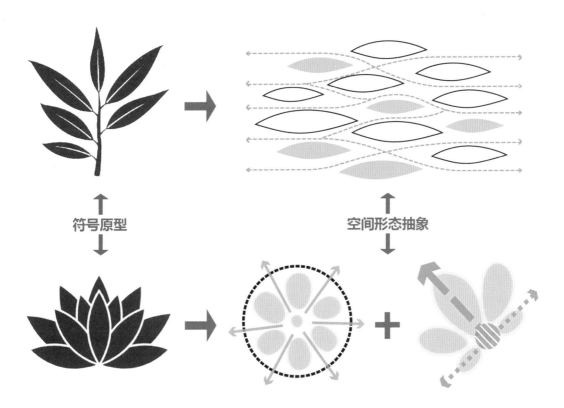

符号原型　　　　　　　**空间形态抽象**

图4-15　特色元素的形态抽象

柳叶特色应用：
①柳叶的簇群感及形态的灵动，为本次设计中的公共空间设计提供了理念原型。
②柳树、柳条的动感线形特色，在设计的公共空间慢行流线设计中得到体现。

荷花特色应用：
①作为市花，荷花的向心组合方式将被提取为节点空间布局结构；其形态也将演绎形成方案中多层地标建筑的基本轮廓。
②以"荷花郡""风荷里"等命名方式凸显元素特征。

4.3 空间推敲

4.3.1 空间深度界定

　　不同类型、规模的城市设计，对于方案空间布局及设计深度的诉求各异。空间结构明确后，下一步设计任务主要体现为：新区规模的城市设计重点是什么，方案设计应该达到什么深度。

　　本案规模约 10 km^2，涉及的街区、地块、建筑数量繁多，将形态设计落实到每一个组团建筑群既不现实，也无必要；若仅仅以理念的深度进行结构性设计，又难以达到城市设计对空间的引导管控效应。城市设计师应具备根据用地规模及相关诉求预判设计深度、明晰主次的能力，而不是毫无变通地服从任务书。

　　城市设计用地规模越小，其建设意向往往越明确。此类设计中，设计师通常与委托者进行深入的沟通，换位思考城市设计能为委托者带来怎样的收益及社会价值，从而形成空间布局的总量预判，并在此范围内进行空间设计。这种思维导向下的功能、形态、开发强度等设计内容框架相对有章可循，委托者通常对空间形态及量化要求较高，以便于估算价值（图 4-16）。

　　然而本案所代表的大尺度城市设计相对而言更具备灵活性，委托者更希望通过城市设计方案了解片区未来的战略定位，以及与之相符的整体空间形象，以利于制定合理的城市空间发展策略。这种思维导向要求设计师分类明晰设计重点元素，而非拘泥于空间形态细节的推敲。

图 4-16　基于模型的空间推敲

4.3.2 形态模式推敲

思维的每一次变化都需要从空间层面进行验证，方案推敲贯穿思维演替全程。结合整体空间结构，设计师将本案空间推敲的核心聚焦于"点、线、面"元素。

1.组团面域：凸显肌理感

建筑形态多样性会为场地带来活力与特色，但对于大尺度城市设计而言，大量多变的建筑形态则会带来凌乱与不确定性。在本案 1 ∶ 2000 的比例尺下，建筑群体与开敞空间体现为图底关系，大面积的居住、产业板块构成最明显的"图"。相较于建筑形态的复杂与多变，"图"的空间价值更集中于肌理感的体现，以及各板块之间的空间结构联系（图4-17）。

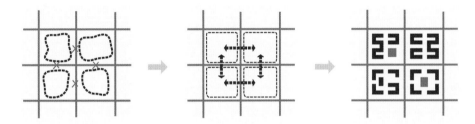

图 4-17 社区板块模式分析

在方案设计过程中，设计师一度将某些社区板块的空间形态组合作为研究重点。然而，从整体角度，各版块之间存在明显的各自为政，影响了方案的统一性。同时，基地规模之大也使得布局层面工作量激增。经过反思，方案先从整体层面架构各版块之间的空间联系，再以几类模块化的建筑群体进行布局。利用实体模型，对群体模块进行空间尺度模拟，调整层数和组合方式，最终形成了更为合理的模块形式（图 4-18）。

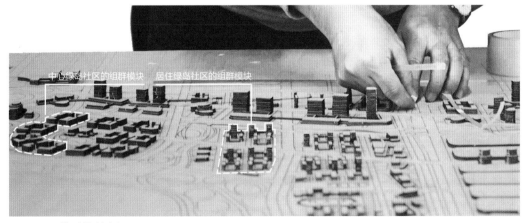

图 4-18 模型推敲空间肌理

2. 重点界面: 增强节奏感

大尺度城市设计中的界面应能够反映城市的标志性轮廓, 也许是天际线, 也许是重要的景观沿线。然而, 将城市四面八方的天际线统统考虑于一个设计方案中, 既不现实也无必要。一个出色的总体城市设计应具备几条典型界面, 集中体现设计核心, 并被赋予特殊的含义, 从形态和内涵上给人以触动。在本案中, 黄河沿线界面的重要性不言自明, "最长居住功能带"始终是设计师关注的重点; 而基地内部中轴的城市甲板界面, 体现了新区与黄河的对话, 也是设计推敲的重点对象 (图 4-19)。

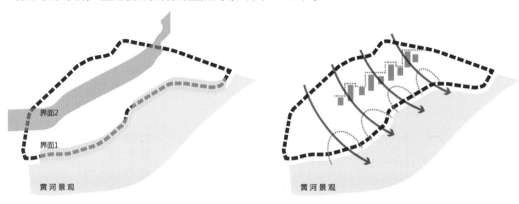

图 4-19　城市甲板界面研究示意

设计师通过实体模型模拟低视点鸟瞰角度下的界面形态, 从而调整建筑的空间布局及高度, 使之更加具有节奏感。对于毗邻黄河的绿岛界面, 明确了由基地向黄河递减的高度分布形式; 对于南北向的城市甲板, 明确了整体连续、局部起伏的天际线 (图 4-20)。

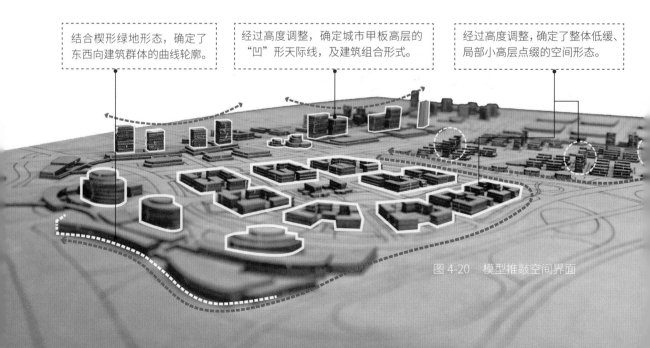

结合楔形绿地形态, 确定了东西向建筑群体的曲线轮廓。

经过高度调整, 确定城市甲板高层的"凹"形天际线, 及建筑组合形式。

经过高度调整, 确定了整体低缓、局部小高层点缀的空间形态。

图 4-20　模型推敲空间界面

3. 标志节点：体现引领感

在理念阶段已确定基于城市甲板片区设定两个节点空间，考虑到黄河在文化精神层面的特殊性，这两个节点势必要对周边空间起到引领作用（图4-21）。

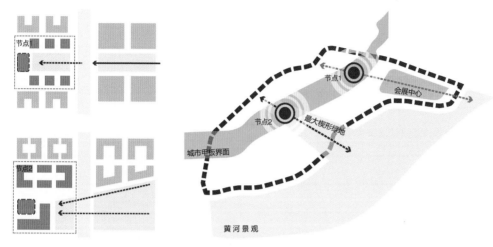

图4-21 节点引导模式研究示意

设计师从整体功能及空间结构角度选择了节点的位置，并通过实体模型推敲，进一步明确了节点建筑群与周边环境的高度关系（图4-22）。

①北侧节点：基地北侧的大型会展中心为既定条件，展现出东西延展的空间形态，其轴线在空间营造上要着重体现节点的收放，积极地与城市"对话"。

②中部节点：基地中部有最大的楔形绿地，是黄河景观渗透的核心点，无论从精神寓意还是空间布局角度上都适合布置片区最高层地标建筑。

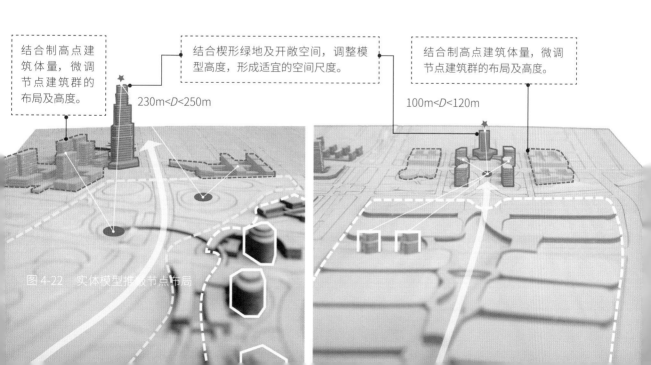

图4-22 实体模型推敲节点布局

4.4 方案传达

怎么讲述黄河故事？城市设计方案的解读向来是设计工作的重头戏，也是空间思维的具体呈现。优秀的方案解读不仅能将设计师的空间思维以简明易读的形式传递给委托者，更能明晰城市设计之后的工作内容（图4-23）。因此，广义的方案解读不仅仅是分析图的罗列，更是建立设计师分析思维的故事线。虽然各学科背景的设计师对于如何解读方案有着不同的诉求，但共同的对象是"空间"本身，在方案传达阶段更应当从空间着手体现所思所想，以最简明的图析形式说明设计各环节最重要的问题，多专业在空间思维的牵引下共同讲好"黄河故事"。

图4-23 设计方案总图

4.4.1 架构体系

城市设计内容繁杂多元,以传统的流程内容看,需要展现的内容既包括抽象理念的生成,也包括空间结构、景观、交通等专项设计的展示。设计师容易受思维定势的影响,在总平面完成后采用堆砌式的集中分析,将大量内容压缩进一个环节,从而导致设计脉络隐没其中。

空间思维导向下的城市设计可分为五个环节,每个环节所面对的问题首尾相连构成了方案解析的逻辑。设计师需要从理性的逻辑中寻找空间层面的共性元素,以此为主线架构解析体系,使之生动有趣(图4-24)。所以说,虽然总平面图的完成作为城市设计的重要节点,是方案解析的依据,意味着空间解读将更加具体化,但从整体的空间思维角度来看,方案解析却不仅仅是以总平面为依据画分析图,而是设计师承上启下地捋顺整体思路,将之明确、趣味化的过程(图4-25)。

问题	如何理解环境?	如何形成特色?	如何落实理念?	如何演绎方案?	如何对接实施?
	自然条件 人工条件 业主诉求	解决现实问题 凸显环境特征 利于未来发展	未来可实施性 落实空间布局 考虑方案深度	硬件要素明晰 软性价值凸显	满足管理需求 公众换位思考
过程	01环境剖析	02理念解析	03构思推析	04方案分析	05实施评析
图解	环境评价图	原型生成图	过程推演图	特色解析图	管控对接图
意义	简明描述环境 提取价值信息 ……	阐述理念渊源 凸显问题导向 ……	优化抽象理念 引导方案生成 ……	展示方案特色 反馈理念构思 ……	明示空间量化 简明管理图则 ……

图 4-24　空间思维下的方案解析逻辑

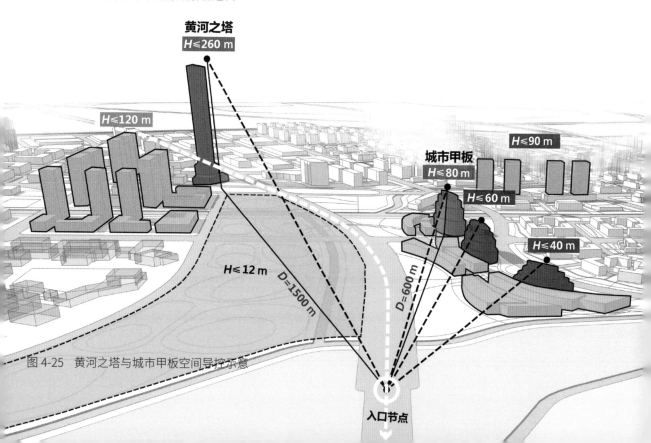

图 4-25　黄河之塔与城市甲板空间导控示意

4.4.2 制定线路

    城市设计方案解析的线路与理念直接相关，阐述设计师如何从环境中获得理念，又如何将理念拆解成为空间设计元素的过程，理念永远是城市设计方案解析的主题。而对于大尺度的城市设计，理念往往抽象且感性，甚至只是一句有关宏大定位的文字描述，设计师只有将它具象为方案的整体结构，才有可能进一步指导各类空间形态布局。因此，方案解析的主线可概括为"理念—结构—空间"的叙事逻辑（图4-26）。

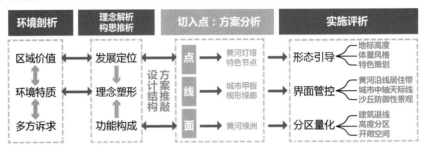

图4-26　方案解析的"点线面"体系

    设计师在理念阶段就已经确定了"黄河之舟"的主题，并将其拆分为灯塔（标志节点）、甲板（城市轴线）、绿洲（功能片区）、缆绳（楔形绿廊），对接具体的空间设计内容。方案解析的主线即是阐述"黄河之舟"向城市设计结构转化的过程，并通过结构拆分凸显该理念的特色，整体呈现为"总—分"的解析逻辑（图4-27）。在统一的解析线路串联下，不同专业背景的城市设计师发挥各自的专业优势，从系统、节点、符号等方面完善方案的特色展示。如果将方案解析看作剧本，规划、建筑、景观等专业设计师则在其中扮演着不同角色。

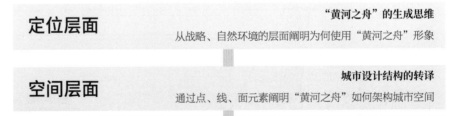

定位层面	"黄河之舟"的生成思维 从战略、自然环境的层面阐明为何使用"黄河之舟"形象
空间层面	城市设计结构的转译 通过点、线、面元素阐明"黄河之舟"如何架构城市空间

点：黄河灯塔等
标志性建筑不仅是空间的高潮，而且代表新区的战略定位。基于区域的地标建筑的定性、定量分析利于阐明设计师对黄河、城市、区域的考量与项目定位。

线：城市甲板等
作为空间形态设计的重点界面，对城市甲板、生态缆绳等线性要素的空间特色、管控方式进行详细分析，回答沿黄界面、城市与黄河的生态联系等重点问题。

面：黄河绿洲等
功能组团的空间形态布局相对模式化，黄河绿洲等面状空间的分析重点在于组团之间的空间关系，界面的退线管控及高度、强度的区划等。

图4-27　"黄河之舟"方案解析框架

4.4.3 分配角色

1. 如何写剧本？——空间结构

城市设计的重点不应拘泥于详细的建筑及景观形态，而应为片区城市风貌、空间形象寻找定位，为城市建筑组织的肌理制定一种可参考、延伸的模式。从系统思维的角度，这些内容均通过空间结构的拆解而落实到建筑、景观、道路及其他各类专题的详细设计中。设计师在项目故事解读中担任了制定剧本的角色。

2. 如何塑亮点？——标志建筑

建筑师的设计思路体现为由点到面，逐渐扩展并与规划师的思路相对接。城市设计需要合理的结构，更需要引人注目的亮点。在本案例中，建筑师空间组合的思维不仅影响了理念生成，而且主导了地标建筑、核心空间等特色的思维图示。

3. 如何埋彩蛋？——场所景观

由于项目环境的特殊性，景观设计思维在本案例的各环节中均起到过渡与衔接的作用。进入方案解读阶段，景观设计将以"绿色空间的形象化"为切入点，将景观设计思维注入整体结构生成的解读中，并对各环节的景观设计进行量化。

 城市设计

整体协作
对建筑形态、景观、城市色彩甚至广告标记等内容，规划师不可能面面俱到地提出完整的建议，需要建筑师、景观师甚至平面设计师的共同思辨，规划在其中起粘合作用。

结构定位
规划师对于环境及诉求的解析，为项目制定了总体定位，并协同建筑、景观设计的思维构建了整体结构，如城市甲板、黄河灯塔等结构性元素均可进一步拆解分析，并形成管控导则。

导则制定
城市设计导则作为建筑、景观详细规划设计的依据，是城市设计落地实施的重要途径。规划师作为方案整体结构的搭建者牵头制定导则，更利于愿景与设计之间、各设计要素之间的整体衔接。

 建筑

关于理念结构
岛屿的意象是方案最初的理念原型，在规划、景观师共同协作下演变为黄河绿洲。建筑师对于空间形态的把控，使演变过程能够更清晰、形象地展示。

对于特色解读
建筑师的图形抽象思维，利于解读地域特色（柳叶、荷花等）对具体空间形态的演变过程。

关于空间形态
建筑师对于黄河灯塔、城市甲板等标志性建筑群的城市设计形态提出建议，使规划师的群体空间组织更合理、更具特色。

 景观

关于理念结构
楔形绿地作为整体结构中的线型骨架，由景观设计师对其形态的来龙去脉进行解读。

关于特色解读
沙丘的可防御景观系统对于本方案是锦上添花的内容，景观设计师结合专业背景对其提出相对详细的技术性指导措施。

关于空间形态
生态缆绳与城市甲板、各功能组团的布局穿插较多，相关的城市设计退线、尺度管控由景观设计师进行量化更具备合理性。

4.4.4 解析内容

结合城市设计的实际需求，可将本案自始至终经历的思维过程及相应的分析方法汇总成表。方案解析以"黄河之舟"为主线，串联显性图析内容，形成本次城市设计的图文成果（表4-1）。

表4-1 图文成果汇总

图类	问题导向		图析内容	方法	呈现
01 环境评价	社会环境	①项目在黄河流域的战略地位如何？②城市、片区对项目的诉求如何？③既有规划对方案的影响如何？	①明确项目区位②解读战略地位③评价周边交通等建设条件④量化结合既有规划建设量	①以全知视角分析区域环境影响②真实视野分析基地空间条件	显性
	自然环境	黄河环境特征如何提炼？	①黄河环境特征抽象示意②区域山水格局③基地地形、地貌评价		显性
02 理念生成	生成过程	①以哪种形式触发理念？	①理念原型来源解析②多种原型对比分析③原型可行性分析	以全知视角分析，筛选与地域环境多维耦合的理念原型，用简明图示表达理念生成过程	隐性
		②如何应对环境评价的诉求？	①理念之于沿黄河界面组织分析②理念之基地内部核心界面分析③理念之于功能组织分析		过程隐性，结论显性
	原型明确	理念如何延伸成为空间结构？	①结合基地空间的理念具象化②基地空间结构初步方案		显性
03 过程推演	平面布局	①空间肌理需要怎样的模式？②功能板块之间怎样组织？③地标性建筑怎样布局？	整体结构生成及空间形态落位	以空间返场方式，探寻适宜的空间形态模式	隐性
	空间形态	①怎样优化节点与界面的尺度？②怎样将地域特色落实到空间？		以实体模型推敲，探寻节点位置及空间尺度	显性
04 特色解析	委托方诉求	①后期怎么管控？	①既有规划的应对图解②分区指标的空间量化图示③灯塔、甲板等空间场景模拟	拆解结构性要素，每一种设计元素以简明图形的量化展示 结合效果图的空间场景模拟	显性
		②方案有什么特色？			
	如何体现方案完整性？	①功能性分析	①交通道路网体系分布②既有规划交通的调整对比③功能业态布局结构	拆解结构性要素，简明图形的量化展示	显性
		②特色分析	①与地域特色相关的业态策划②可防御性沙丘景观技术模式③城市甲板等界面分析	结合方案总平面，与空间布局相对应的矢量图形 实景照片结合效果图空间场景模拟	显性
05 管控对接	如何指导未来实施？		①以量化为主的分区图则②与图则对应的引导说明	拆解结构性要素，每一种设计元素以简明图形的量化展示	显性

注：1. 隐性图析内容主要作为设计师分析思维的辅助手段，结合每个解析叙事的诉求适时体现。

2. 表中图析分类仅针对于本案，后文仅选取部分具有代表性的图析内容阐释空间思维的表现形式。

1. 环境梳理

环境梳理分别从新区层面和黄河流域层面进行解析，其意义在于明晰定位和触发理念。

通过梳理新区上位规划中各片区的既有发展定位，能够明晰新区未来发展的总体定位；结合泉城特色风貌轴、鹊华秋色等济南既有城市空间格局，利于设计师寻求片区发展的特色意象（图4-28）。

黄河自西向东流经大量富有人文、自然特色的节点，本案规划片区是入海前的最后一个国家级综合试验区。通过对黄河沿线节点的梳理，从国家层面对片区的特色进行定位研究，为后期"黄河之舟"等理念生成提供了依据与素材（图4-29）。

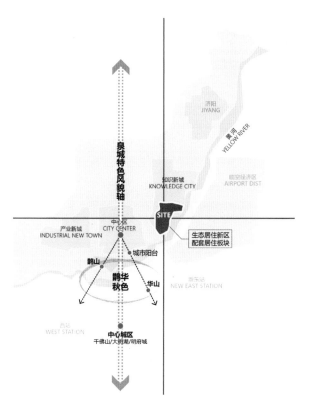

图 4-28　新区层面分析

图 4-29　黄河流域层面分析

2. 理念生成

理念生成是对"黄河之舟"的概念展示，其意义于体现场所特征、对接空间结构。

城市设计项目中利用有现实参考性的形象作为理念，能将方案解读迅速带入设计师制定的叙事线路中。本案结合航拍影像分析，将"黄河之舟"的抽象形态演替置于方案解析的开端，强调了以黄河为主题的空间场所特征，为后期空间结构整合做铺垫（图 4-30~ 图 4-32）。

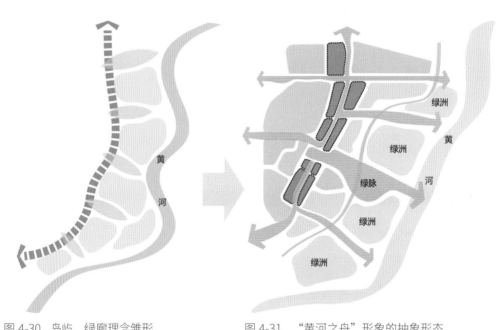

图 4-30　岛屿、绿廊理念雏形　　　　图 4-31　"黄河之舟"形象的抽象形态

图 4-32　航拍影像概念分析

结合航拍，设计师能清晰地感知黄河、生态景观带、主要交通线路与基地的空间关系，借助真实的场景分析，使理念的演替更具说服力。

3. 空间结构

空间架构是对"黄河之舟"的空间体现和景观提取，其意义在于理念转译、对接空间。

在总体层面的城市设计项目中，空间结构图的产生，意味着抽象的设计理念与现实空间环境展开对接，是理念与空间设计之间的纽带（图4-33）。设计师将"黄河之舟"的形象拆分为灯塔、桅杆、甲板、缆绳等具有现实参考性的元素，分别象征城市设计标志、轴线及生态廊道等设计内容，进一步强化设计理念与黄河的联系，并为后期各类空间形态的设计制定了约束框架。

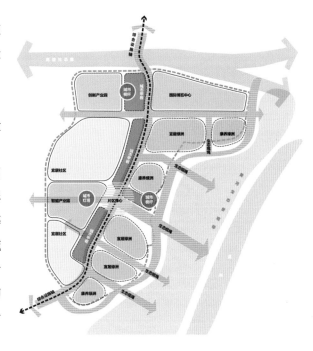

图 4-33　"黄河之舟"空间结构

空间结构具备理念与形态的双重特征，难以将设计师所思所想于一张图中全面展示，尤其对于大尺度城市设计项目，有必要对空间结构进一步分类阐释，即通过功能、交通、景观等结构性内容，分别对接后期的各专项具体设计。从"黄河之舟"结构中提取景观部分进一步深化，将"灯塔、绿洲、缆绳"等理念词汇提升为"地标、社区、廊道"等设计词汇，从而有针对性地开展设计（图4-34）。

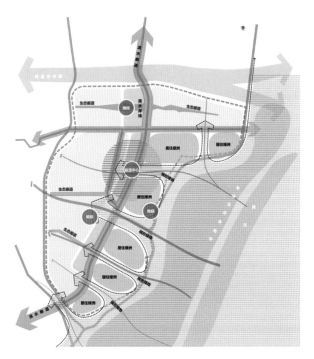

图 4-34　"黄河之舟"景观结构

4. 方案推演

方案推演是对实体模型的空间推敲，其意义在于研究空间模式、对接形态细化。

设计师选取中央楔形绿地以北、城市甲板以东地块制作可灵活变化的简易实体模型，与典型地块图底关系相对应，从三维层面探讨空间及尺度的合理性（图4-35）。

图4-35 方案推演实体模型

5. 导控对接

导控对接是对城市意象的导控，其意义在于明确重点空间的导控方法。

"黄河之舟"最终拆分为城市意象中的节点、界面、板块等元素。设计师以场景模拟的形式对空间进行量化导控，完成城市设计的最终方案解析内容（图4-36～图4-39）。

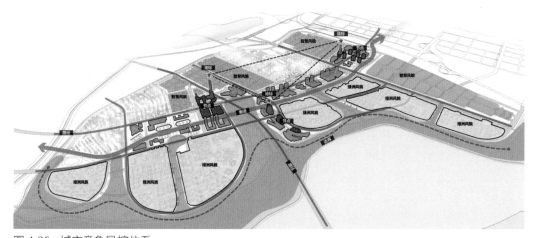

图4-36 城市意象导控体系

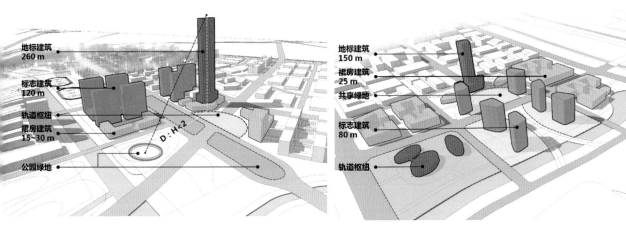

图 4-37　黄河灯塔量化导控

图 4-38　城市桅杆量化导控

图 4-39　城市甲板量化导控

5 |参与辨析|

从多方参与到思维共享

　　城市设计最终服务于人，人的参与在分析过程中显得尤为重要。尤其在以人为本的时代诉求下，公众参与城市设计的意识愈发强烈。然而，虽然人人都可以对城市空间的美与丑评头论足，但城市设计不是所有人都能轻易上手的技能，而是经过长期空间思维训练的专业技术。在公众没有专业背景且不了解空间设计知识的前提下，如何让他们参与城市设计呢？

　　"公众参与"在城市设计领域内早已不再是新鲜词汇，然而大多数的公众参与仅仅体现在程序化的前期调研问卷及项目公示中，对城市设计思维的影响相对较少。作为城市设计的主要对象，空间是现实生活中多方群体的共同依托载体，以空间为纽带将公众诉求引入设计全程，是城市设计公众参与的重要途径。在这一章，我们以真题假做的形式开展一场城市更新的社会实验（图5-1）。本次实验以角色扮演的形式模拟参与式的城市设计过程，并以此为基础尝试构建空间思维参与平台。这是我们对城市设计空间分析思维参与属性的探讨，也是对长期生活、工作并热爱的城市未来空间营造模式的一次展望。

图 5-1　济南钢铁厂低空图景

5.1 参与模拟

基地

Ⅰ　Ⅱ　Ⅲ　Ⅳ　Ⅴ　Ⅵ　Ⅶ

剧情人物　诉求众筹　行动框架　设计参与　空间返场　思维研讨　博弈融合

图 5-2　济南钢铁厂区位示意

5.1.1 剧情人物

　　本次实验案例的原型——济南钢铁厂，近年来正陆续开展所在街区的更新改造设计（图5-2）。作为城市半个世纪以来工业发展的见证者与实践者，钢铁厂的未来牵动着济钢居民、济南市民的目光，具备参与式城市设计的社会心理基础；同时，钢铁厂现实改造之前存在大量具有工业时代特征的建筑、构筑物，它们未来的形象及用途为公众津津乐道，是组织公众参与的良好切入点。因此，在钢铁厂的现实更新改造进行的同时，以虚拟的人物参与形式展开本次试验。

城市设计的高效率运行离不开多方利益相关者的深度参与，设计师作为空间策略的制定者、不同群体的协调者，应以空间为媒介了解公众诉求，问计于民，并将之合理地融入城市设计思维。在此，根据不同群体在项目开展中的作用及诉求，将其分为开发人、管理人、设计人、济南人、济钢人五类（图5-3），并从设计人的角度制定详细的公众参与措施，协调各方诉求及建议合理地落位于空间分析思维中，从而获得整体最优解。

图5-3　多方参与中的角色构成

开发人——市场利益主体。包括本次项目的投资开发主体、相关企业等群体，关心项目带来的经济价值及品牌影响力，是城市设计项目的实施者。

管理人——城市利益主体。主要为地方政府、城市规划、建设管理部门，关注设计为城市带来的长远公共利益，是城市设计项目的审批者。

济钢人——利益当事人。主要为济钢员工及居民，对厂区最了解并有感情，关心厂区发展，是城市设计项目中的当事者。

设计人——利益协调主体。由本团队承担城市设计师角色，以空间策略平衡各方利益，创造空间价值，是城市设计项目的协调者。

济南人——公众利益主体。主要为关心城市文脉延续、风貌塑造及空间品质的市民，其中不乏工业遗产保护的学者及爱好者，是建设项目中的监督者。

5.1.2 诉求众筹

明确各参与方在城市设计思维演替过程中扮演的不同角色和各自的立场，是我们对设计进行预判的基础，尤其在设计开展初期，各参与方基于自己的立场会有不同的诉求考量。因此，在本次实验的开始阶段，我们没有直接进入现场踏勘的环节，更没有先入为主地进行设计理念等技术探讨，而是以网络为平台组织各群体代表就项目主旨、自身诉求进行探讨，并提取各方关键词形成本次城市设计最初的问题导向，我们称之为"诉求众筹"（图5-4）。

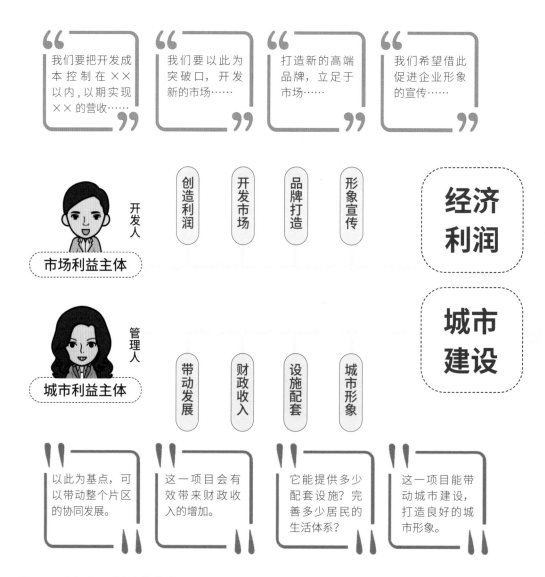

图 5-4　参与人员诉求众筹模式

通过诉求众筹可以发现，改造设计对于城市未来形象的影响是各方群体的共同关注点，这也证实了空间是联系公众与设计师的纽带，公众的诉求将以空间为载体纳入城市设计思维体系。基于此，我们制定了以空间为切入点的城市设计公众参与框架，作为本次实验的行动计划。

"我们要提升空间品质，提高空间利用效率。"

"钢铁厂是重要的历史文化遗产，需要有效的保护。"

"钢铁厂的改造是钢铁文化和历史的继承与宣扬。"

"设计中要充分照顾不同阶层的人群，保证社会公平。"

职业追求

空间品质　遗产保护　文化宣扬　社会公平

设计人

利益协调主体

生活影响

活动场地　休闲设施　交通提升　建设影响

济南人

公众利益主体

"这个片区的建设，又能给我们创造很大的活动场地。"

"同样，可以带来更多的休闲设施。"

"这一片儿的交通会得到提升，也方便我们的出行。"

"但是建设过程中也会造成一定的空气和噪声污染。"

5.1.3 行动框架

公众参与计划框架的主旨在于通过若干轮开放性环节使公众的诉求融入空间思维体系，进而使设计逐步趋于合理。通过首轮诉求众筹，我们对项目的未来方向做出了基本预判，明确了空间形象及公共价值是本次设计的公众关注点，以此为切入点制定了由三轮工作营构成的空间思维参与体系，将公众的诉求及反馈持续融入城市街区发展（图5-5）。

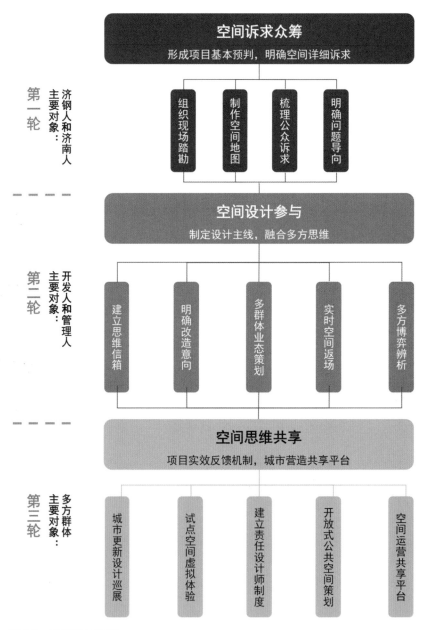

图 5-5 思维参与框架

在参与框架的引导下，每一轮空间思维工作营都结合城市设计项目推进，针对不同类型与深度的问题，以网络或座谈的形式展开讨论。空间始终作为多方角色之间的联系纽带，以简明易读的"思维地图"形式呈现给公众，街区未来形象构想、业态策划及设计所能创造的社会、经济价值均通过空间体现。

● 市民研讨会。召开市民研讨会，共同商议街区发展的现实问题，为城市设计提供思路。

● 开展主题讲座。通过主题讲座，增强公众参与意识，提升市民的规划设计意识素质和对设计的参与责任感。

● 开展详细调研。实地调研结合问卷调查及市民访谈，充分了解基地情况和市民意见，更好地协调各方利益。

● 空间思维地图。制定便于公众理解的调研地图，收集公众意见，以直观的形式了解公众诉求。

● 设立设计工作坊。设立钢铁公园建设工作坊，搭建政府、群众与规划师三方互动平台，在规划师等专业人士引导下进行钢铁公园的设计与建设。

● 开放式业态策划。由设计人协调开发人、济钢人、济南人共同对未来街区业态进行构想，兼顾开发价值及社会公共价值。

● 联合空间返场。设计师牵头，组织公众共同参与空间返场，以虚拟现实等技术辅助公众了解城市设计方案进展，优化空间合理性。

● 跟踪设计师制度。由区政府选聘的独立第三方人员，为责任范围内的规划、建设、管理提供专业指导和技术服务。

● 媒体宣传。开展媒体宣传、设计发布会，让公众参与到设计和建设的评价中来，强化品牌。

● 回访评价。通过网络和电话回访，让市民对设计和建设做出评价。

● 公共空间共营。以城市设计公共空间体系为虚拟载体，在市民中开展街区 LOGO 征集及公共活动策划。

● 设计巡展公示。充分展示设计方案，提升市民的评价参与度。

5.1.4 设计参与

1. 空间思维地图

针对济南人、济钢人群体发放了空间思维地图，大家结合对济钢的了解，表达了对今后改造意向的诉求（图5-6）。

图5-6 空间思维调研地图

铁轨

公众意向调查

"铁路保留改造为慢行步道，走在上面一定有走在钢铁厂历史脉络上的感觉。"

——市民丙

■ 保留　■ 不保留

高塔

公众意向调查

"3200 高塔是最能代表钢铁厂生产能力的建筑了，只要有它，钢厂的品牌就在！"

——市民庚

■ 保留　■ 不保留

厂房

公众意向调查

"厂房室内做成体育场应该挺有感觉的，但改造成本是不是有点高啊？"

——市民辛

■ 保留　■ 不保留

思维地图，诉求认知

参与人员：济钢人及济南人

　　空间思维地图分为两部分：其一，钢铁厂更新片区的完整场景航拍，主要建（构）筑物按照原有功能分类、标注；其二，具有典型特征及重要功能的建（构）筑物的单独详细影像。参与人员根据空间思维地图直接标注自己对各类元素保留与否、未来形象的想法，由设计师分类统计，从而形成公众思维的素材库。

2. 设计思维融合研讨

在充分获得公众对于城市设计的意向诉求后，设计师应发挥专业优势梳理利于项目开展的空间思维主线，将公众意见融入，而不是被公众思维牵着鼻子走。结合济钢人、济南人对空间思维地图的反馈，开展内部研讨会梳理钢铁厂未来改造意向的核心问题。公众的部分建议为设计制定改造更新方案提供了灵感与素材，部分建议则出于规范、现实因素的考虑而未被采纳（图5-7）。

（9:55）设计师 A：我认为方案的核心问题在于**高塔的保护与利用**。多元融合的功能植入尤为重要，我们可以结合各类特色打造多元的现代功能。而对于调研地图上大家提出的厂房、滑道等质量较差的遗产，恐怕保留改造的成本会远远大于未来收益。

核心问题一：
高塔的保护与利

核心问题二：
水体的打造与维

（10:00）设计师 B：关于**高塔的保护与利用**，还可以通过灯光的植入与开发打造济南的夜视地标，形成很好的形象和宣传作用，成为地区景观中心。

图 5-7 多方思维融合模式

（10:05）设计师 C：我认为 A 说的有道理。其实很多公众对于厂房建筑未来的形象都是出于自身情怀的想象，那些功能未必真的好用。但他们很多人都没有提到过基地东侧的水的价值，其实**水体的打造**不容忽视。围绕高塔打造集中水体，使高塔与水体相映成趣，有利于形成钢铁公园的形象宣传。

（10:10）设计师 D：在**水体的打造**这个问题上，我觉得打造一个绸带水环可能会有更好的效果，这样可以通过绸带水环串联起高塔与各个空间节点，让公园空间与景观更成体系。

（10:15）设计师 A：高塔的打造也不能仅是公益性的。开发主体强调的**地下空间利用**，结合 C 说的高塔打造一体开发，可借助高塔体验项目的人气，同时也能为后续运营体系架构带来一些利益平衡，让整体项目能够真正面向实施的测算。

（10:20）设计师 B：我觉得**地下空间的开发**还是要结合西南侧沿街商业布局。一方面与沿街商业对接方便；另一方面项目可以分期建设，可以先打造东侧的高塔和水体，打造文化品牌吸聚人气，再进行地下空间开发，分期实施，触媒带动，后续运营比较容易实现。

核心问题三：
地下商场的开发

核心问题四：
开发中的文化植入

（10:25）设计师 C：还需要注意的是**开发中的文化植入**。我提议结合保留的工业遗产打造成一条运动步道串联一下。济钢不是 1958 年建厂吗？这条步道长度有起有止，步移景异，1958 米环道是不是能让项目多一分具有历史文化意义的空间传承？

（10:30）设计师 D：**开发中的文化植入**也可以通过高塔来做文章。其实我们不能总是从"点"的角度出发，而是应该从历史文脉中寻找一种串联元素作为街区更新改造的结构。高塔的改造是这条文化环线上的一个标志，会让整个街区的历史风脉更有冲击力。

思维碰撞，初步方案

参与人员：各专业背景的设计人

不同专业背景的设计师结合自身的思维特征，以头脑风暴的形式各抒己见。在碰撞的过程中可知，设计人更重视委托者、管理者对于经济利益、城市公共价值的诉求，并结合自身专业特点提出了针对性措施，逐渐明晰了 1958 米环线、高塔标志节点、地下空间打造等核心问题，形成了初步空间设计要素，搭建了设计框架。

5.1.5 空间返场

在城市设计初步设计的基础上，以设计师为主体，组织其他群体共同开展空间返场，验证在真实场景体验中，方案空间尺度是否合理，各类空间要素的设计意向能否最大化满足各群体诉求（图5-8）。

步骤 1　物理空间特征再把握　　　　　**步骤 2　社会构成再认知**

核心要素

高塔是济钢的核心功能和景观建筑，是钢铁意象的核心表达要素，需要根据其空间特征进行保护性的功能开发。

高塔

活动场所

主题公园建成后将成为服务片区乃至整个城市的钢铁主题公园。活动场所于市民来说是第一功能诉求。

市民

重要线索

铁轨是钢铁意象的重要表达要素之一。线条状空间也能适应公园的功能要求，是步行空间组织的重要线索。

铁轨

感情寄托

济钢承载了济钢人60多年的记忆，是不可缺少的文化和感情要素。要留住济钢的记忆，成为济钢人的感情寄托。

济钢人

合理空间

厂房同样作为重要的钢铁意象表达要素，是最适合现代功能植入的工业建筑，适合各种现代功能的改造。

厂房

经济效益

而对于开发主体来说，提高经济效益、提升品牌价值才是整体项目运营的第一要务。

业主

图 5-8　参与式空间返场模

步骤 3　空间尺度再认识

植入活力

高塔

　　高塔的建筑体量巨大，我们决定结合如此巨大的建筑内外空间打造一定的场所环境场地，引入适当的交流活动。

塑造特色

铁轨

　　铁路线的宽度小、长度大，并不十分适合打造成步行空间，遂植入观览列车，打造便捷的自动游线。

储气罐

营造氛围

　　现有的工业设施如球形储气罐，适合打造成球幕影院，高效利用现有建筑空间。

步骤 4　设计方案的认知反馈

建筑修补

建筑密度

　　钢铁厂既有建筑体量巨大，造成了总体建筑密度过高的空间感受。

形态重塑

空间形态

　　钢铁厂的既有空间形态一定程度上阻碍了现代功能的布置与成长。

商业空间

空间缝合

　　钢铁厂破碎的空间形态需要与周边商业空间有更直接的联系，形成整体。

真实感知，空间参与

参与人员：设计人、开发人、济南人、济钢人

通过空间返场的方式，多方群体进一步共同深入到真实场景，验证已有诉求的合理性，激发创新思维。通过对基地场所环境、社会构成、空间尺度、认知反馈的再认知完善业态构思、空间设计，使多方思维能够在真实场景中逐步趋于协调。

5.1.6　思维研讨

空间返场后，优化调整城市设计方案，与委托者进一步座谈沟通，有针对性地了解开发企业对业态、空间及实施、预算等深层问题的想法（图5-9）。

开发人A

我们希望项目地块**提升建筑高度**，尽可能塑造地块商业、酒店、办公在城市界面和城市形象中的突出地位，对项目地产生一定的宣传和形象塑造作用。

同时也要**提高建筑总量**，这能在一定程度上扩大产业规模。最大化提高项目地块的建设量，是最直接的提高效益的方法。

数量

仅仅依靠钢铁厂的改造获得的收益，恐怕不足以让我们收回成本。我们需要**提升商业、酒店、办公的产业规模**，以增加产业效益。但这些业态要和钢铁厂的社会公共价值的创造有所结合，带上历史文脉的烙印。

盈利

开发人B

要积极利用工业历史文化遗产，在商业开发中发挥其标志、情怀的作用，但对于建（构）筑物也不能静止地保护，而是通过商业开发让市民能够使用它、消费它，以另一种形式延续其文化价值，激发其商业价值。我认为1958的提取对于整个项目的定位和品牌塑造都有很积极的作用，设计团队应该强化它在未来业态运营中的作用。

利用

在空间设计时应该注意，盈利对于我们开发企业来说是相当重要的目的，所以我们的更新改造要尽量**压低建设成本**，以提高产出比例，提高建设效益，这是建设与商业运作的根本规则。所以有些无必要的改造成本是否可以适当压缩？改造它们需要花的钱比重建一个都多！

成本

图5-9　面向项目运营的思维辨析

方案参与，思维研讨。

参与人员：开发人及设计人。

经过设计方案的完善，设计人需要与开发人进行对接，根据开发人进一步的诉求，就甲乙双方的研讨调整与优化设计方案，以准备向城市管理部门汇报。

质量

项目地建筑高度要与钢铁厂高塔这一城市景观要素相协调，我们提倡在城市界面和城市形象的问题上，首先突出高塔的主导地位，**适当降低建筑高度**。

效益提高可以通过产业效率来提高，一定程度上**降低开发强度**，提高项目地块的空间质量，也可以起到对产业的提升作用。

设计人A

公益

钢铁厂的更新改造应当是整个街区改造的切入点，如何带动更多业态的发展，提升整个街区的活力是我们一直关注的内容。不仅仅是商业商务，后续我们将会结合钢铁厂的人文特色引入更多的文化创意产业，让钢铁厂的主体功能由曾经的**钢铁生产转变为文化输出**。

保护

城市历史文化遗产的保护要遵循其基本规律，根据实际情况决定遗产的保护方式。我们可以通过**保护性开发**的方式延续其文化价值和商业价值，提高历史文化遗产在提升产业效益方面的重要作用。

设计人B

价值

作为城市的工业文化集聚地，更新改造可以带动的业态不仅仅是商业商务，还有体育运动、保护峰会、创意设计等大量新兴业态。这样一个活力街区将会**直接带动周边土地价值的增益**。因此，在建设中不能仅仅考虑成本的节约，要以地块**价值的提升**为目的进行综合评估。

5.1.7　博弈融合

方案应在各方思维博弈下产生，用空间策略融合各群体的利益诉求（图5-10）。

管理人

> 我们关心钢铁厂的更新改造方式是否能够带动地区的产业发展，带来更多的就业岗位。因此，业态的构成一定要接地气。

> 城市设计利用工业遗存带动创意产业的构想是好的，但最好从实际出发，结合城市的产业结构分析下创意产业发展的可行性及比重。

> 城市设计应当使片区更具活力，人们不仅能清晰地感知到这里曾经发生过什么，而且能找到适合自己的公共活动。

■ 形象
■ 保护

管理人

开发人

> 城市设计将使我们的项目成为济南东部的地标街区，带动周边土地的升值，也会填补济南东部缺乏大型文化设施的空白。

> 我们希望能在更新改造的同时，适当增加部分商业设施，与钢铁公园互为配套，也能平衡部分更新改造成本。

开发人

开发人

> 利用这个城市设计，我们可以形成一种针对工业遗产改造更新并带动城市片区运营的模式，在其他城市推广。

> 本次城市设计怎样对接我们下一步的建筑、景观设计实施？

■ 市场行为　　■ 品牌效应
■ 形象宣传　　■ 对接实施

图 5-10　面向城市建设的思维融合

在城市设计方案基本完成后，由管理人组织设计师、开发者围绕钢铁厂空间更新改造产生的城市价值展开讨论，将城市运营的思维融入下一步空间设计优化，最终完成从角色入场到方案大成的多方参与过程。

它能提供多少个工作岗位？提供多大规模的配套设施？服务多少居住人口？提升多大面积的土地价值？

管理人

设施配套
财政收入

济南古城区、CBD、高新区等都有着独具特色的标志性空间，而钢铁厂所在的片区目前还没有能彰显城市形象的建筑或景观，城市设计是否应在此方面下下功夫？

管理人

设计人

城市设计的重要内容即是对各类空间要素进行量化，明确它为城市带来的价值。

设计人

钢铁厂的历史在本次设计中具象成为空间结构，串联众多工业遗产节点，"1958"这个数字将成为片区的LOGO。

在城市设计中，我们结合高塔和铁轨等特征显著的工业元素，策划了诸多具备社会公共价值的业态，不仅能为片区带来活力，而且可以提升片区的空间形象。

■ 遗产保护　■ 社会公平
■ 空间品质　■ 利益协调

本次城市设计的主要节点将基于人本视野的照片进行场景模拟，制定建筑、景观设计的引导图则；同时，主创设计师将作为街区设计师持续跟踪后期的详细设施。

5.2 平台架构

图 5-11 济南钢铁厂航拍影像

　　"城市是人民的城市，人民城市为人民。"在日常生活逐渐扁平化的今天，"参与"的思维已渗入社会各行各业，多视角的城市设计使公众参与变得愈加重要，就如钢铁厂功能空间与工艺流线的交织与配合（图 5-11）。满足人的诉求，获得公众充分认可，使城市设计的过程充分兼顾公众的利益和要求，使设计方案更完善合理，是公众参与的根本意义所在。

　　谢里·安斯坦（Sherry Arnstein）提出了公众参与的阶梯模型，将公民参与按参与质量和程度分为三个层次、八个阶梯（图 5-12），演示了由浅入深、由表面到实质的公众参与内容框架。公众参与发展到今天，参与的主体和形式更加多元，从广度、深度、效能等方面都得到有效的提升，已然成为城市设计的高频词汇。

图 5-12　安斯坦公众参与阶梯模型

5.2.1 参与反思

当前公众对于生活环境的诉求更加关注场所体验、意象感知、文脉乡愁等软性要素，这要求城市建设项目的实际运营者、开发者在满足经济利益的同时，要充分考虑项目带来的公共价值。同时，城市管理者对于城市设计的评判标准也更关注体现空间建设的人本关怀。城市设计已不再是某一群体的价值观体现，而成为多方利益博弈、融合下的产物。因此，"共建共享"成为城市设计公众参与思维的重要内容。

然而现实当中，以"共建共享"为代表的参与式城市设计实践仍面对诸多挑战。例如在利益诉求、知识储备、专业背景等因素参差不齐的现实情况下，如何让多个群体在同一个平台上探讨"共建"？项目之外，是否有相应的机制促使利益相关群体结合空间使用状况，对"共建"行为进行总结与反思（图 5-13）？

图 5-13　关于参与过程的问题反思

5.2.2 模式梳理

1. 平台功能

一是面向空间的交流平台。行政有边界，而空间无边界。城市设计要突破边界的限制，充分整合空间资源，做到空间的一体化设计。相应的，公众参与平台的搭建也要突破边界的限制，更全面精确地吸引参与群体到设计中，提升公众参与的质量与效率。

二是面向实施的决策平台。通过优化决策来影响设计方案，是公众参与最直接、最有效的方式。不同于传统形式的设计方案公示机制，决策平台可以促使公众深入地参与到设计关键问题的探讨与相关设计规则的制定当中，从根源上发挥公众参与的作用。

三是面向监督的跟踪平台。多方群体在项目进展的过程中关注的核心问题不同，对设计的修正发挥公众参与在项目跟踪中的监督作用，是公众参与必要性的体现，并可以依据监督，实时提供反馈内容，以保证设计项目的合理、顺利进展。

2. 建设主体

1）政府平台

主导群体：政府

参与形式：市民参与——公示、听证会、咨询　　管理参与——管控落位

专家参与——研讨会、评审会　　监督参与——现场监督

政府主导公众参与，以社会公示、专家咨询、座谈会、论证会、听证会为主要方式，在监督、管理上充分发挥政府部门的强执行力，保证公众参与的底线。同时，作为城市设计项目的最终审核方，政府平台应将公众意见转化为方案评判标准。

2）第三方社会组织平台

主导群体：理事会

参与形式：市民参与——问卷、听证会等　　管理参与——志愿者

专家参与——研讨会、评审会　　监督参与——现场监督

不同于传统政府主导的公众参与，在协作治理模式下，"第三方"能够以中立的身份，作为公众与城市政府沟通的桥梁，参与项目建设。通过第三方社会组织，构建公众参与平台，有利于广泛调动社会力量多角色参与，促进多元决策，提升公众参与的能力和效率。

3）互联网平台

主导群体：政府、三方组织

参与形式：市民参与——评论、意见收集等　　管理参与——信息化管理

专家参与——研讨会、评审会　　监督参与——网络监督

互联网平台是相对于传统的参与方式提出的。以手机为主的移动端工具已成为当今人们在生活中参与社会活动的最直接方式，其便捷性会大大提高公众参与效率。参与平台的搭建充分考虑移动端需求，以降低参与的时间成本。互联网平台的灵活性便于其融入传统的平台模式，完善公众参与的线上、线下体系。

3. 建设形式

1）空间体验平台

将虚拟现实、增强现实、介导现实等概念引入公众参与当中，通过智能眼镜、3D 投影等技术可以实现以 AR 投射建筑物的三维影像，给人"身临其境"的空间感，以增强与设计内容互动，实现沉浸式体验，让市民直观感受设计内容，也可以让城市决策者、城市设计师身临其境地感受方案效果，利于推敲、优化、审批方案（图 5-14）。

图 5-14　空间体验平台示意

2）交互协作平台

以综合制图平台为载体，邀请城市设计相关群体用户对项目地图、航拍影像、平面图或三维视图给予实时的反馈意见，设计人员便可充分参考意见进行方案的调整与完善。交互协作的平台能够引入 PPGIS、WEBGIS 等地理信息技术，随着项目的发展，交互、协作方式持续更新，以保证公众动态参与（图 5-15）。

图 5-15　交互协作平台示意

3）网络共享平台

移动智能设备已成为当今人们在生活中参与社会活动的最直接方式，其突出的便捷性会大大提高人们的社会活动参与效率。如今，公众参与平台的搭建呈现出网络的多元特点，手机应用、网站、公众号等公众参与形式层出不穷，一定程度上突破了地理空间的约束，大大降低了公众参与的成本（图 5-16）。

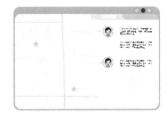

图 5-16　网络共享平台示意

5.2.3 平台展望

结合钢铁厂参与设计的实验中的问题与反思，以空间为载体建立城市设计共享平台对于整合公众思维、协调多方利益有重要作用。基于以上，在此提出思维云、思维地图及图析师的概念，从空间思维的层面探讨共建共享平台的元素构成（图5-17）。

图 5-17 "思维云 + 思维地图 + 图析师"平台展望

1. 思维云

思维云是依托网络形成的公众参与运行体系，强调空间、数据、智慧的共享，包含思维地图、图析师等职能。

空间云：打破地理空间的限制，充分整合空间资源，打造由项目单元组成的城市设计云平台。首先，在信息安全保密的前提下，将设计成果、地形信息、基础设施等资料处理、上传到云平台，实现资料的通用与共享；其次，通过统一对话平台实现参与主体的联动，打破交流壁垒。

数据云：实现数据的共享，包括 POI 兴趣点、人流热力图、公交线路网、基础设施网、街景照片、轨迹地图、职住地图等数据信息。同时，作为数据的共享与挖掘空间，云平台还应提供信息挖掘、信息采集、信息传播的工具与渠道。在技术与资料充足的情况下，应尽量结合不同项目形成数据挖掘、数据分析、数据可视化呈现的完整链条。

智慧云：实现思维的汇集与分享。一方面与智慧城市相结合，通过智慧经济、智慧环境、智慧交通、智慧教育、智慧医疗、智慧娱乐等系统，及时了解相关业态的情况及诉求；另一方面进行思维分析，通过设立图析师的职能，以思维地图为载体，实现公众诉求向设计思维的转译，智慧云将是城市设计公众参与的主要途径。

2. 思维地图

以卫星影像、航拍、人视实景照片为载体，结合参与群体对未来城市空间的诉求，制定面向公众、开发运营者、管理者等不同角色的工作底图，根据项目进展分阶段发放，收集公众建议，最终由图析师汇总为一张思维地图，作为公众参与的动态反馈。

调研地图：考虑到不同群体之间文化水平、专业素养及网络参与度的差异性，面向公众的工作底图应以航拍结合实景照片为主，线上推送与线下问卷发放同时进行。

设计地图：面向管理者、开发运营者，结合项目需求对卫星影像进行叠加处理，融入上位及相关信息，便于公众全面感知设计要素并提出合理建议。

思维地图：由图析师将调研地图、设计地图结合设计方案形成统一思维地图，反映方案设计与公众诉求的融合情况，并随着方案进展持续更新。

3. 图析师

不同的群体对于空间的感知能力与关注重点有所不同，例如开发运营者关注空间带来的经济利益，居民关注公共空间的环境质量及人性化程度，城市管理者则关注空间营造对于城市品牌的提升、如何对接实施及管控等问题。这些差异致使设计师在空间思维融合多方诉求的过程中，常会遇到空间认知、意见众筹、思维博弈等矛盾问题。图析师在空间认知、意见众筹、思维博弈上发挥协调的作用，是思维共享体系中不可或缺的角色。

1）空间认知

大多数公众并不具备空间感知的专业知识，很难通过城市设计图纸了解设计师的未来构想，更依赖于虚拟现实等技术呈现，而虚拟现实的技术门槛将大大增加设计师的运作成本，难以广泛运用。图析师应给予不同群体较为简明的空间认识引导，使其能够正确地感知空间。

2）意见众筹

以现场或网络问卷进行公众意见调查的时间多处于城市设计开展的前期阶段，设计师对于项目存在的问题仍处于认知阶段，对于方案的进展方向仍未明确，难以提出针对性的问题，这也降低了公众参与的效率。图析师一方面要与设计师对接，明确设计方案的关键问题；另一方面要引导意见众筹的执行效率，使其以更加规范化、合理化的方式进行。

3）思维博弈

方案进展过程中的思维融合环节反映了价值观的差异，而价值观会直接影响不同群体对于方案的评判。图析师要起到辅助决策的作用，在引导不同群体维护自身利益、合理表达诉求的同时，也要协调不同立场和诉求，促进不同群体间的沟通与理解，真正实现思维由博弈到融合。

空间思维导向下的城市设计是各个群体共同参与的过程，每个群体基于自己的立场提出不同的诉求，设计方案就在不同诉求的博弈和融合中产生。人本视角下，要充分维护各方的需求，城市设计参与平台从"共建共享"的角度出发，融合多元化的参与模式、云思维与关键角色，实现参与过程向着以人为本、高效率、重实用的方向发展。

6 |空间思考|

在本书的最后部分，笔者将追溯我们生活的城市——济南，探寻对空间营造的思考。城市设计师应根植于自己所生活的城市，在热爱她的同时，去感知她、陪伴她，努力地为这座城市尽自身的一份力量和义务，这亦是一个互馈的过程。时间易逝而空间常在，百年塑城，千年传承，城市设计的魅力就在于此。

　　"空间"一词在日常生活中出现的频率并不高。虽然人们的行为总是以空间为载体，但自身却难以对它有一个明确感知。正如老子所言："凿户牖以为室，当其无，有室之用。故有之以为利，无之以为用。"人们之所以了解空间，是因为空间被其承载的具体功能赋予了各种含义，呈现出多彩样态，而散落的空间架构出公共空间体系，形成城市生活的日常映绘。如果这些日常空间都难以被感知，那整体的城市空间特色又从何谈起呢？因此，我们重视城市设计，实际上是希望通过设计赋予空间与功能相匹配的空间特质，形成场所特征。

　　空间的魅力在时间度量出现之前就已存在，在后续的时空交织和人文延承中又形成了场所精神。人们在某一个城市生活、体验的时候，往往是在时间导向下感知空间的变化，把自身对过去空间的回忆、当前空间的感悟，带入到未来空间的畅想中。而每一座城市都有其固定的空间脉络和基因，少则百年，多则千年，大大小小的空间意象串联起来成为城市独有的印迹，成为人们了解、感知城市的重要途径，也往往成为城市设计师空间思维之源头。对于济南，"山、泉、湖、河、城"赋予了这座城市特有的空间脉络和基因（图6-1）。

图6-1　济南古城区特色空间肌理

6.1 山——"依山融城"

　　济南作为泰山山脉北麓的国家历史文化名城，因山而兴、就山而址，仅中心城内山体便有百余座，是名副其实的"百山之城"。山体承载着济南厚重的历史文化遗存，从"择址营城"的山城关系，到"齐烟九点、鹊华烟雨、佛山倒影"的空间图景，再到"山、泉、湖、河、城"的泉城风貌架构，无不体现山城空间的人文底蕴和环境架构（图6-2）。山体作为城市发展过程中的重要生态人文资源，其形成的人地空间关系也是空间发展的重要考量因素。当今，城市和山体已不再是简单的依附关系，更多的是"融"为一体。

　　相对于人们日常生活中可赏可触的微观空间景象，南部连绵的群山在城市漫长的演化中已然成为了一种底色，又在当今飞速提升的城市高度中慢慢褪去，城市山体亦被城市街区所围合，成为一隅难得的"城市盆景"。正如总体空间思维之于人本空间思考，设计师的定位往往会聚焦大尺度空间框架，百山、百湖、百河等，框架之后的人本思考和感知能否得到体验和认可值得深思，公众对于空间的感知与反馈是从空间思维到空间实施的核心环节，这也是城市设计的核心价值体现：以人为本的空间塑造和多元美好的空间面貌。

图6-2 济南山城空间图景

6.2 泉——"因泉筑城"

如果说山是济南大尺度空间格局的骨架脉络，泉则是激活城市微观空间的点睛之笔。作为泉城的名片，古城区"家家泉水，户户垂杨"的传统空间图景，五大泉群和百余处泉眼的形色底蕴和人文气息传承了"齐多甘泉，冠于天下"的美誉（图6-3）。泉水也成为诸多建筑设计和城市设计的灵感源泉，勾画着一幅济南所独有的新时代泉水聚落图景。济南"泉·城"文化景观也在世界文化景观遗产申报的过程当中，以泉为脉络的景观资源正在融入城市体系的人、地、业、能各方面中。

对于空间思维体系，济南"因泉筑城"的隐性脉络更具启发性。泉水的形成机制、泉眼之间的地下联系，以及泉水聚落的围合形式……诸多空间样态都在诉说着之于空间环境的空间营造体系。城市设计亦需整体思维的联动和公共空间体系的架构，避免碎片化的空间表征。公共空间体系的架构是城市设计的核心内容，面向未来的泉水空间体系的组织和梳理也是体现当代空间利用的重要方式。怎样让泉水在聚落组织体系中架构百泉之城的公共空间体系、人文传承体系、产业业态体系等，这些问题值得深思。

图 6-3　济南泉水空间图景（左：黑虎泉；右：珍珠泉）

6.3 湖——"择湖营城"

　　"四面荷花三面柳，一城山色半城湖"的大明湖是与泉水齐名的另一张城市名片（图6-4）。对于生活于此的济南人，大明湖不仅仅是一处风景区的名字。千佛山的俊秀、大明湖的沉静、佛山倒影的意境自古以来便引得文人墨客折腰。大明湖已然跨越了地域空间的限制，成为这座城市时空图景中不可或缺的元素。如今，"湖"的情结体现在济南城市空间营造活动中的诸多方面，华山湖、白云湖、美里湖等，湖水成为城市空间塑造和经营的重要手法，也许在未来某一天我们会看到更多的"新明湖"。

　　湖水不像山泉一样根植于自然的本底，"择湖营城"根植于城市空间环境，更多的是来源于人为的营造，但不是单纯的挖水造景。城市设计亦需在延承既有空间的同时营造新的空间样态，而在这个过程当中的环境思维和大尺度空间感知意识应该是空间营造的根基，后续的人本使用和实施评价是空间营造的本底，多呈现出静态的湖水界面与动态的行为业态的交织，体现城市设计的空间策划与运营的思维特征。"构园无格，借景有因"，"山、城、湖"三层次的空间格局和视觉景观始终是济南的核心空间图景之一。

图 6-4　济南大明湖空间图景

6.4 河——"跨河相城"

　　济南亦是一座多河的城市，几十余条河流纵横交错，显隐相织。中部有历史悠久的护城河环绕，北部有近代特色鲜明的小清河航道，外围有黄河贯穿，形成了"城中水系繁多，城北大河磅礴"的特色（图6-5）。河道往往是城市中最长的公共空间体系带，一河两岸的城市空间，总是点亮城市魅力之所在，也是城市开发之所处。城市面临着携河、拥河、跨河多尺度、多维度的空间生长，而这生长支撑着城市的生活、生产和生态格局体系，映射着城市的发展脉络。

　　河道的灵魂之一在于其柔和的弯道空间，无论在城市还是在自然环境中，滨水弯道景观塑造了无数的经典图景。跨河发展固然迫切，但面对着不同尺度的跨越，我们的城市亦经历了千年之变。跨越一个河道相对简单，而跨越之后的立足回眸——"跨河相城"值得深思。城市设计师总是经历大事件和大手笔，然而这背后的复杂要素却不为设计所左右，设计思维亦应在一个链条上来思考自身的定位，应当在定位准确的基础上延续自身的定力，避免现在过热背后的主线缺失和模糊性的界定。

图 6-5　济南黄河空间图景

6.5 城——"多彩塑城"

"城"的定义从单中心的古城区，到古城区与商埠区并列的"双城记"，再到当今的城市大尺度战略发展后的新城区，济南在空间形态演替中向人们展现出了多彩的面貌，也架构了自身大尺度的空间框架，这种变化潜移默化地影响着城市设计者的思维方式（图6-6）。面对日趋多元的城市风貌和公众诉求，"千城一面"的弊端还在当今显现，面向传统城市设计思维的"造城运动"有所缓和，却逐渐模糊了不同功能空间之间的联系，而这对于城市整体空间格局的解读与运用显得尤为重要。

城市并非树形，它是任何一门独立学科都不能完全解读的。面向城市设计的空间思维，虽立足空间但亦应考虑职住关系、产业发展、人文传承等种种要素的空间网络交织，同时积极应对多样化的空间境态、人群样态和产业业态解读，形式服从功能，意识依托法规，行动之于治理。城市设计应当传递一种当代城市所认可的价值取向，在不同的城市区域空间中找寻真正的空间脉络架构业态组织，真正的"城市让生活更美好"的空间营造任重道远，而这正是"多彩塑城"的价值所在。

图 6-6 济南在建 CBD 全间图景

　　济南是一座伟大的城市，其架构的百山百泉相融、古城商埠相拥、湖水河道相织的空间格局，以及从古至今的演替无不体现了其独特性。一座城市能够将"山、泉、湖、河、城"五要素架构在一起，已经是前人留给我们的宝贵财富，在此基础上的空间衍生是后人正在经历的优劣过程。根植于一个城市的设计价值，应是设计者的基本价值和追求目标，在此过程中的关注和努力实践亦是其重要的思维过程和经验积累。在根植于济南的城市设计实践、研究过程中，我们逐渐认识到，空间思维在一定程度上消解了设计师与相关群体之间的专业壁垒，构建了一个更加开放的设计体系。如果将思维逻辑看作一个圆，其圆心必然是这座城市的空间环境，对圆周上的各环节的思索则基于问题导向。设计师站在圆心位置，将不再仅仅从形态、规模、强度等物质角度考虑空间，而是融入策划、运营、参与等思维，使整个设计体系更加具备空间特殊性、场所地域性、文脉延续性。这正是泉城济南给予长期生活于此的城市设计师的空间馈赠与思维启迪。

图片索引

3　空间图析

4　过程分析

5　参与辨析

6　空间思考

后记

　　2016 年，《中共中央　国务院关于进一步加强城市规划建设管理工作的若干意见》中明确提出："支持高等学校开设城市设计相关专业，建立和培育城市设计队伍。"回顾二十余年的城市设计教学过程可以发现，城市设计教学团队相对薄弱，专业背景相对单一，教学任务相对紧凑，教育者往往力不从心。在近十几年的城市设计竞赛和项目中，也可看出国外设计团队的介入和国内城市设计精英人才的匮乏。我们每个专业人都应该思考，面对中国特色的本土化城市设计，每个教育者都希望培养出可以做出体现人文传承和人本尺度的中国智慧下的中国方案的学生，积极应对生态文明、国土空间、数字技术、人本形态等新的教学要求。城市设计教学虽核心未变，但亦须改变，针对城市设计培养专项人才，建立专业培养平台，增加城市设计教学学时，打通跨学科协作的教学融通势在必行。作为教育者，我们在教学和实践的过程当中得到了一些体会，经历了一些挫折，虽然所取案例和经验未必合理，某些案例也因个人水平有限不一定能展现完美的思维模式和空间图景，但这也是我们自己的一点思考、一点努力，将自身的一些理解与大家共同交流，希望能够为专业发展做出一点贡献。大学的教育更多的是思维的传授、方法的应用和技术的学习，现状分析要深入，设计策略要导入，数形分析要准入，这也是我们努力地总结梳理本书的原因和出发点。不成熟的思考还有很多，也仅供读者参考。

　　书籍写到最后总是难以收笔，思维总是会由一条主线陷入网状的交织中。当然，城市设计的魅力也并非在于找寻一个城市或一处公共空间设计的唯一标准答案，而是在于探索空间思维转换过程中的空间策略与空间环境的契合性。同时，城市设计的价值不是建筑的空间组合，应是将人本尺度融入到城市空间的多视角分析，个人的价值判断会决定城市空间的发展方向，城市设计亦应更多地考虑城市价值，在一定理性思维下探索看得见摸得着的设计思路和面向实施导向的设计方法。后续我们也将继续关注面向全过程的城市设计实施层面研究和空间量化研究，努力聚焦我们生活的城市——泉城济南，为其空间的传承和塑造尽自身的一点薄力。

再次感谢凤凰空间的老朋友们，我们的合作总是带着感情的持续；再次感谢提供给我们项目设计和研究创作的平台方，他们才是城市的管理者和建设者，任重道远；再次感谢本书联合作者张宇、于爱民和王华琳，三人行必有我师，感谢团队成员吴越，研究生尤文秀、袁媛、郭乐、周超、张笑天、刘越对书籍内容的仔细校核，后续的城市设计还需要更多的人才培养和持续定力；最后，感谢所有为城市设计发展努力的人，无问西东，砥砺前行！上次说过，真正从码字开始的写书是困难的，码字的同时码图，其过程更加艰辛，码图的同时把思维过程讲述出来更加不易。一年时间的撰写，虽有遗憾和缺陷，也因个人能力有限，总是在讲述思维过程中陷入设计的陈述表达，典型案例的选取和论点的表达未免有不正确的地方，但还望大家理解。在 2020 年这一特殊的时间、特殊的环境下，未来我们将在思辨的基础上付出更多的实践和努力，祝祖国强盛、大家安好！

赵亮

2020 年 9 月于济南

著者简介

赵亮

山东建筑大学建筑城规学院副教授，硕士生导师。清华大学建筑学院博士研究生，研究方向为城市设计和遗产保护。主持国家自然科学基金及其他课题项目多项，以第一作者在《城市规划》《中国园林》《城市问题》等期刊上发表论文多篇，出版编著一部、独立著作一部。

张宇

山东建筑大学建筑规划设计研究院工程师，参与主持多项城市设计、概念规划、村庄规划及空间策划研究，并多次获省优秀城市规划设计奖。

于爱民

山东建筑大学建筑城规学院硕士研究生。

王华琳

山东建筑大学建筑城规学院硕士研究生。